建筑设计系列教程 & CAI
Lessons for Student in Architecture Design & CAI

图书馆建筑设计
Library Architecture Design

付瑶 主编

吕列克 刘献敏 汤煜 吴君竹 编著

周淼 CAI 制作

中国建筑工业出版社

图书在版编目(CIP)数据

图书馆建筑设计／付瑶 主编 吕列克等编著．－北京：中国建筑工业出版社，2006 （2021.6重印）
（建筑设计系列教程＆CAI）
ISBN 978-7-112-08598-9

Ⅰ．图… Ⅱ．①付…②吕… Ⅲ．图书馆－建筑设计－高等学校－教材 Ⅳ．TU242.3

中国版本图书馆 CIP 数据核字(2006)第 140436 号

责任编辑：陈 桦
责任设计：赵明霞
责任校对：刘 钰 兰曼利

建筑设计系列教程＆ CAI
Lessons for Student in Architecture Design & CAI

图书馆建筑设计
Library Architecture Design

付瑶 主编

吕列克 刘献敏 汤煜 吴君竹 编著

周淼 CAI 制作

*

中国建筑工业出版社出版、发行（北京西郊百万庄）
各地新华书店、建筑书店经销
北京广厦京港图文有限公司制版
北京建筑工业印刷厂印刷

*

开本：787×960 毫米 横1/16 印张：7 插页：12 字数：196千字
2007年7月第一版 2021年6月第十次印刷
定价：35.00元（含课件光盘）
ISBN 978-7-112-08598-9
(15262)

版权所有 翻印必究
如有印装质量问题，可寄本社退换
（邮政编码 100037）

出版说明

　　本系列教程是建筑学、城市规划、环境艺术等专业建筑设计系列课程教学用书。主要是针对在信息时代，学生与教师对信息知识获取渠道的改变而进行的编著与制作。课件制作有完整的知识体系，有前沿的、先进的教学内容，同时通过课件相关内容的设置，强调学生的主动操作与互动学习。

　　市场上建筑类的光盘出版物比较多，但大多以图片欣赏为主，鲜有以教学为主，有完整教学内容，有互动环节的电子图书。本书在编写上也与以往的类型建筑参考书不同，不单只是相关类型建筑设计原理的编写，同时更强调"教"与"学"。在教授完设计原理之后，以实例分析帮助学生理解相关类型建筑设计，根据不同年级学生教授一定的设计方法与设计手法，并介绍一些创作技法；最后可以通过一些互动式训练增强学生对知识的掌握与理解。

　　本系列教材编写的一个主要原则是方便的演示和查阅功能。内容精炼，要点明确，课件表达生动，在内容组织上有以下几个部分：一是建筑设计原理，主要讲解各类型建筑设计的基本原理和设计要点；二是设计规范与数据资料，将各种基础数据和国家有关规范、规定详细罗列，以便于查询；三是学生作业实例，收录了一些优秀的学生作业作为学习的范本；四是著名建筑实例分析，选择了一些著名的案例，对其空间布局、流线组织等各个方面进行了分析，使学生能够形象地理解设计师的设计理念；另外还有建筑实录，收录了一些的建筑实例。

　　针对不同类型的建筑，本系列包括有："幼儿园建筑设计"、"别墅建筑设计"、"客运站建筑设计"、"图书馆建筑设计"、"住宅建筑设计"等子题。

前　言

图书馆是一个专门收集、整理、保存、传播文献并提供利用的场所。图书馆是人类文明的宝库，也是反映一个国家或地区综合实力和文化水平的标志。

随着e时代的到来，人们足不出户就可以在网上看书，也可以从网络中迅速获取所需的信息。大量的网上图书馆、数字图书馆满足了e时代的人们对知识的渴望。传统实体的图书馆面临着空前激烈的革新与竞争。为了满足人们的多种需求，现代图书馆要能综合实体和虚拟两个世界，同时还能满足技术发展中变化着的各种要求。它应该是一种"复合图书馆"，它能将纸质与数字、本地与远程等各种信息资源集成于一体，同时提供印刷和电子资源无缝隙存取的图书馆，是对传统图书馆和数字图书馆的整合。21世纪初建成的亚历山大图书馆和西雅图图书馆正是这样的图书馆实例，它们都尽其所能地满足人们多样化的需求。

进入新世纪以来，随着我国经济和文化教育的不断发展，图书馆建设也进入了一个高速发展期，一座座图书馆建筑拔地而起。另一方面，随着国家对高校建设投入力度的加大，各地不断兴建了许多新校区，其中最能体现学校整体水平的的图书馆建设也备受关注，高校图书馆成为发展最快的图书馆类型，也是学生最熟悉的一种类型。

我国现阶段的图书馆建筑正处在由传统图书馆向现代图书馆的过渡和转变时期，图书馆的职能在不断地更新。现代图书馆已由传统的以借阅为主的单一功能走向综合性的多功能。功能的复杂性也增加了图书馆建筑设计的复杂性。

作为建筑设计的题目，图书馆建筑是一个很有代表性的类型，它是训练学生空间感知、流线组织、构思创意的好题目。这本电子教材的编写就是为了满足学生学习这种建筑类型的需要，同时它也为教师提供了课堂教学的素材。在以往的教学实践中，建筑设计原理的讲授缺乏形象性，同时学生的可参与性也不够，所以学生接受程度很差。我们希望这本电子教材的编辑出版能够改变这种状况，充分发挥学生自主能动性，提高学生学习的兴趣。

这本电子教材编写的一个主要原则是方便地演示和查阅功能。在内容组织上共分为五部分：第一部分是图书馆建筑设计原理，主要讲解图书馆建筑设计的基本原理和设计要点；第二部分是设计规范与数据资料，将各种基础数据和国家有关规范、规定详细罗列，以便于查询；第三部分是学生作业评析，收录了一些优秀的学生作业作为学习的范本；第四部分是著名图书馆建筑实例分析，选择了一些著名的图书馆，对其空间布局、流线组织等各个方面进行了分析，使学生能够形象地理解设计师的设计理念；第五部分是图书馆建筑实录，收录了大量的图书馆建筑实例。

本教材的编写是我们教学实践的体会，参加编写工作的有：吕列克、刘献敏、汤煜、吴君竹等，周淼老师负责多媒体制作。杨晓冬、王洋等2000级和2001级的学生参与了部分图书馆实例的分析。在此，对他们的辛勤劳动给予诚挚的感谢，同时感谢陈桦编辑在教材编写过程中给予的支持。

由于编者的水平和精力所限，文中错误与遗漏难免，敬请批评指正。

目 录

1 绪论 ··· 9
　1.1　概述 ·· 10
　1.2　图书馆的类型 ··· 12
　1.3　图书馆的规模 ··· 14
　1.4　图书馆建筑发展概述 ·· 17
　1.5　图书馆常用术语 ·· 22

2 图书馆的选址和总体规划 ·· 25
　2.1　图书馆选址 ·· 26
　2.2　总体规划 ··· 28

3 图书馆建筑的功能分区和空间组织 ·· 33
　3.1　空间构成及功能关系 ·· 34
　3.2　图书馆建筑的功能要求 ··· 37
　3.3　图书馆建筑布局 ·· 41

4 图书馆的空间设计 ··· 45
　4.1　阅览空间的设计 ·· 46
　4.2　藏书空间的设计 ·· 59
　4.3　出纳检索空间的设计 ·· 71
　4.4　行政、业务用房及技术设备用房设计 ···································· 78
　4.5　公共空间设计 ··· 82

5 室内环境与图书防护要求 ·· 87
　5.1　采光和照明 ·· 88
　5.2　通风和空调 ·· 93

  5.3 噪声的控制 ································· 97
  5.4 防火要求 ··································· 97
6 家具与设备 ····································· 99
  6.1 家具 ··· 100
  6.2 传送设备 ··································· 105
  6.3 计算机及网络技术的应用 ············ 108
7 图书馆的造型设计 ·························· 111
  7.1 功能 ··· 112
  7.2 环境 ··· 117
  7.3 技术 ··· 125
  7.4 个性 ··· 130
  7.5 民族 地域 ································ 132
主要参考文献 ·· 135

CAI（课件）目录

第一部分 图书馆建筑设计原理

第二部分 设计规范与数据资料

第三部分 学生作业评析

第四部分 著名图书馆建筑实例分析

第五部分 图书馆建筑实录

1 绪论

1.1 概述

图书馆是一个专门收集、整理、保存、传播文献并提供利用的场所。图书馆建筑是公共建筑的一种重要类型。

图书馆是人类文明的宝库,也是反映一个国家或地区综合实力和文化水平的标志,它是随着人类社会的发展而发展的。人类文明发展到一定阶段,就出现了文字,相应地出现了记录文字的载体。原始的载体有泥版、纸草、甲骨等。中国东汉时期(公元25~220年)蔡伦改进了造纸术,为人类创造了易于收藏的纸,成为记录和传播人类文明的最重要载体。随着印刷术的发明和不断改进,人类摆脱了人工抄写书籍的繁重劳动,得以成批印制图书,从而极大地促进了知识的广泛传播。随着人类科学技术的不断发展,在传统的纸张载体的基础上,人们又陆续开辟了新的知识载体,如:胶片、磁带、磁盘、光盘等。

文字载体的不断发展,自然出现了收藏和保护这些载体的特殊建筑物——图书馆。在人类文明起源最早的四大文明古国中,都出现了世界上最早的图书馆。

图书馆最初的任务就是搜集和保护人类文明的载体,促进人类文明的繁衍、进步。随着人类社会的不断发展,图书馆的功能在不断发展变化,现代图书馆为读者提供的服务也在增多和扩大。

现代图书馆拥有大量的文献信息资源,它为广大读者提供的服务归纳起来主要有:

(1) 阅览服务

图书馆为读者在馆内阅览文献资料而开展的基本服务工作,这也是图书馆区别于其他信息机构的一个最大特点——拥有良好的环境,有适宜读者学习、研究的良好的条件、宽敞的空间和安静的气氛,各种功能各异、内容丰富新颖的文献资料。

(2) 外借服务

将部分藏书借出馆外自由阅读的服务,其最大优点是读者可在规定期限内自由安排阅读时间。

（3）复制服务

通过静电复印、缩微复制手段提供文献资料，是外借、阅览方式的补充和扩展。

（4）参考服务

也称情报服务、咨询服务，是以读者需求为契机，以文献为纽带，通过各种方式为读者搜集、检索、揭示和传递信息的服务。

图1-1 西雅图中央图书馆

（5）视听服务

编制声像型文献目录，推荐、出借、出租声像文献及器材，举办放映会、报告会、讲座等各种交流活动。

（6）数据库及网络信息服务

目前，很多图书馆都开设了电子阅览室或网络查询中心，尤其是高校图书馆，除了自己开发书目数据库，供用户查询图书资料，还购买其他大型书目数据库，并通过科教网将网络资源向本校和社会开放。北京图书馆电子阅览室藏光盘数据库有20大类数据可供用户查询，有80种以上的大型数据库，数据量上亿条。

此外图书馆还可以为读者提供翻译服务、定题服务、科研成果查询服务等。

从这些多种服务项目中我们可以看出现代图书馆的功能已不仅仅是搜集、整理、保管人类文明的载体，还为读者提供信息传播、终身教育和文化娱乐等功能。所以，现代图书馆建筑除了提供书刊资料阅览室、国际互联网检索室外，还可以设置展览厅、演讲厅、学术活动室、影视厅等。图书馆，它应该是一个信息中心，同时也是一个社会活动中心和终身教育中心。不同层次、不同年龄的人，都可以在图书馆获得自己所需要的知识和信息，人们在那里就像在自己的家里一样闲适，看看书报和会会朋友。图书馆可以为人们提供人与信息、人与人之间交流的舒适空间。图1-1所示为西雅图中央图书馆。

1.2 图书馆的类型

图书馆的类型根据图书馆的性质和读者对象的不同分为以下几种。

(1) 公共图书馆

具备收藏、管理、流通等一整套使用空间和技术设备用房,面向社会大众服务的各级图书馆,如省、直辖市、自治区、市、地区、县图书馆,其特点是收藏学科广泛,读者多样。公共图书馆是按行政区域划分和设置的。图1-2所示为沈阳市图书馆。

图1-2 沈阳市图书馆

(2) 专业图书馆

专业图书馆是指专门收藏某一学科或某一类文献资料,为专业人员提供阅览和研究的图书馆,如:中国科学院、中国社会科学院以及中央各部委、各专门研究机构图书馆和各省、市、自治区所属各专业研究所图书馆等。图1-3所示为中国科学院图书馆。

图1-3 中国科学院图书馆

(3) 学校图书馆

学校图书馆包括高等院校图书馆,各类专科学校图书馆,以及中小学图书馆等。

除了按系统划分外,图书馆还根据藏书特点分为综合性图书馆和专业性图书馆,而有的按读者对象划分为儿童图书馆、青年图书馆、盲人图书馆、少数民族图书馆等。

1.3 图书馆的规模

图书馆的规模一般以藏书量和读者座位的多少确定。然后根据馆的性质、管理方式等因素选取相应设计指标,定出读者使用空间、藏书空间及服务空间各部分的使用面积,加上交通面积、辅助面积,最后确定总建筑面积。设计时,由甲方提出设计任务书,以此作为设计的依据。表1-1~表1-3为图书馆规范规定的设计指标。

阅览空间每座占使用面积设计计算指标(m^2/座)　　表1-1

名　称	面　积　指　标
普通报刊阅览室	1.8~2.3
普通阅览室	1.8~2.3
专业参考阅览室	3.5
非书本资料阅览室	3.5
缩微阅览室	4.0
珍善本书阅览室	4.0
舆图阅览室	5.0
集体视听室	1.5(2.0~2.5含控制室)
个人视听室	4.0~5.0
儿童阅览室	1.8
盲人读书室	3.5

注:1.表中使用面积不含阅览室的藏书区及独立设置的工作间;
　　2.集体视听室如含控制室,可用2.00~2.50m^2/座,其他用房如办公、维修、资料库应按实际需要考虑。

藏书空间每标准书架容书量设计估算指标(册／架) 表1-2

图书馆类型		公共图书馆		高等学校图书馆		少年儿童图书馆	增减度
藏书方式		中文	外文	中文	外文	中文	
开架	社科	550	400	480	350	400~500	±25%
	科技	520	370	460	330		
	合刊	250	270	220	240		
闭架	社科	640	400	560	350	(半开架)	
	科技	600	370	530	330		
	合刊	290	270	260	240		

注：1. 双面藏书时，标准书架尺寸定为1000mm×450mm，开架藏书按6层计，闭架按7层计，其中填充系数K均为75%；
2. 盲文书容量按表中指标¼计算；
3. 密集书架藏书量约为普通标准架藏书的1.5~2.0倍；
4. 合刊指期刊、报纸的合订本。期刊为每半年或全年合订本；报纸为每月合订本，按四开版面8~12版计。每平方米报刊存放面积可容合订本55~85册。

藏书空间单位使用面积容书架量设计计算指标(架／m²) 表1-3

	含本室内出纳台	不含本室内出纳台
开架藏书	0.5	0.55
闭架藏书	0.6	0.65

表1-1中的指标，系指藏阅合一的空间中计算的阅览区面积指标，也适用于闭架管理的阅览室。面积指标中包含了阅览桌椅及读者活动的交通面积，也包括了管理台，沿墙设置的工具书架、陈列柜、目录柜等所占使用面积。

(1) 公共图书馆规模

一般认为：小型图书馆藏书量在50万册以下，中型图书馆藏书量在50~150万册，大型图书馆藏书量在150万册以上。

公共图书馆读者座位设置数量：一般省级以上公共图书馆读者座位数为500~1000座以上，市级图书馆读者座位为300~500座以上，区、县级图书馆读者座位一般为100~200座以上。

(2) 高等院校图书馆规模

高等院校图书馆规模,主要根据学校师生的人数来确定其藏书数量及阅览座位。另外还需考虑到学校原有的条件、专业设置等方面的情况。

1) 阅览室的座位数

1992 年国家教育部制定的《普通高等学校建筑规划面积指标》中规定:高等院校图书馆的学生阅览室只供学生借阅参考书和报纸期刊使用,原则上不设供学生自习的座位。学生阅览室的座位数,理、工、农、林、医、体育各科按学生的 17.6%(5000 人规模)到 17.5%(10000 人规模)设置,文科及政法、财经按学生人数的 15%(3000 人规模)到 20%(10000 人规模)设置,教师阅览室座位按教师总人数的 16% 设置。

学生阅览室每个座位占使用面积 $1.8m^2$(包括走道及一般工具书架所占面积,下同)。教师阅览室每个座位占使用面积 $3.5m^2$。业务办公用房按馆员人数计,每人占使用面积 $8\sim 10m^2$ 计算(包括采编、整理、装订等)。

同时规定:研究生阅览室的座位数与研究生人数之比应为同类本科生比例数的 2 倍。每座使用面积比本科生增加 $0.32\sim 0.51m^2$。

2) 书库的藏书量及书库面积

理、工、农、林、医、体育各学科自然规模为:5000 人时藏书为 75 万册;3000 人时藏书为 54 万册;2000 人时藏书为 40 万册;1000 人时藏书为 22 万册;500 人时藏书为 12 万册。文科及政法、财经、艺术学科自然规模为:5000 人时藏书为 100 万册;3000 人时藏书为 66 万册;2000 人时藏书为 48 万册;1000 人时藏书为 26 万册;500 人时藏书为 13 万册。

1.4 图书馆建筑发展概述

图书馆（或档案馆）最早出现在巴比伦、埃及和亚述，可追溯到公元前3世纪上半期。古埃及的图书馆通常设在神庙或皇宫里，是神庙或皇宫建筑的一部分。公元前2世纪的帕加马图书馆由柱廊与神庙大殿相连。古希腊、罗马也已经有收藏丰富的图书馆，如亚历山大图书馆，图1—4所示。这时期的图书馆建筑，以石料为主材料，纪念大厅为主体，大厅内部空间中央一般由石柱支撑起，顶部采光，周围有柱廊，大厅四周、壁龛和柱廊装饰有雕塑、壁画、人物肖像等，高大的书橱、书架贴墙而立。图书馆还注意了防潮，以便纸草文献的保存。

图1—4 重建的亚历山大图书馆

欧洲中世纪时期，图书馆遭到严重破坏，独立的图书馆建筑基本消失，仅在寺院和教堂中设有图书室，矮书架垂直排列于条形空间的两侧，中间为通道，书架之间设教堂式长凳。文艺复兴时期，由于商业的扩展，人们对古典作品开始重视，随着印刷术的发明，识字者人数的增加，图书收藏者的范围也随之扩大，其中也包括富有的商人。欧洲各国，首先在意大利，先后建立了许多图书馆。这时期的皇家图书馆和大学图书馆，藏、阅仍在同一空间。皇家图书馆建筑设计力求雄伟和有纪念性，大学图书馆则讲究实用，一般中间为通道，两侧为藏书。17～18世纪是全欧普遍建立国立图书馆和大学图书馆的时代，这时，诺德（Gabriel Naude）关于学术图书馆的概念——"系统展示所有记录下来的知识，向所有学者开放"——已经确立，开始向近代图书馆管理阶段过渡。

19世纪中期，人们认为图书馆可由当地政府用公款开办，这是图书馆事业发展的重要阶段。图书馆开始采用闭架管理，建筑按功能划分为藏书、阅览、书籍加工三部分空间，出现了有多层书库的中央大厅式图书馆，如1852年建成的英国不列颠博物院图书馆。1854年法国国家图书馆扩建时，将书库、阅览室、书籍加工三个空间完全分开，以出纳台联系书库和阅览室，创建了影响一个世纪之久的藏、借、阅三段式空间布局形制。这种形式以后逐渐形成固定功能建筑模式，以1911年建成的美国纽约公共图书馆为代表。这种模式除采用混合结构外，一般以独立结构的多层书库为中心，阅览、文献整理加工和管理空间分布于四周，并多采取由条状空间组合成天井的形状，以充分采集自然光和利用自然通风。

20世纪初，开架式文献管理方式得到提倡。1933年美国巴尔的摩市伊诺克·普拉特自由图书馆开创了开敞式平面设计的先例。之后，美国建筑师A·S·麦克唐纳根据读者接近藏书的设想，提出模数式建筑设计思想，并于1955年成功地应用于艾奥瓦州立大学图书馆的建造，被视为图书馆建筑史上的里程碑。此后，模数式图书馆的建筑模式在欧美逐渐普及并基本取代了固定功能模式。另外，在20世纪里科学研究和工业研究迅速发展，世界范围的专业情报出版物（大部分是期刊形式）大量增加，导致了快捷地检索到广泛期刊文献的要求和对特定题目提供情报和参考书目录的要求。由于学术图书馆传统的工作方法和管理常规已不能适应发展的需要，于是产生了专业图书馆。这种图书馆对学术图书馆和公共图书馆的服务工作产生了巨大影响。

中国殷商时期专门用以存放甲骨文献的窑穴，被认为是中国图书馆、档案馆的萌芽。到了周代，老子为柱下史，保管三皇五帝的书，是为图书馆的鼻祖。可是在周代以前，也早已有了藏书之举，不过没有记载在诸典籍罢了。秦始皇焚书坑儒，虽说民间书籍散失不少，但是秦记和史官所藏，并没有烧去。所以汉高祖中兴，使陈农收秦图籍，数目也不少，同时广开献书之路，建造阑台石室，蔚为大观。两汉时专门收藏典籍的皇家藏书楼（如东观、石渠阁）的建筑已初具规模。其后著名的皇家藏书楼有隋代的观文殿，唐代的崇文馆，宋代的集贤馆，元代的艺林库，清代的七阁：文渊阁（图1-5）、文津阁（图1-6）、文源阁、文溯阁、文宗阁、文汇阁、文澜阁，等等。

图1-5 文渊阁

图1-6 文津阁

宋代以后,私人藏书楼建造日盛,如宋代著名的四大书院:白鹿洞书院、岳麓书院、嵩阳书院(图1-7)和应天书院(图1-8)。明代范钦的天一阁(图1-9)、清代钱谦益的绛云楼、瞿镛的铁琴铜剑楼等。

图1-7 嵩阳书院

图1-8 应天书院

图1-9 天一阁室内

由于中国古代藏书楼以藏为主,仅供少数人使用,实行封闭式管理,其建筑一般采用木构架结构,青砖砌墙,青瓦或琉璃瓦盖顶,多为2层或3层,并注重防火、防潮和防蛀。有些藏书楼建筑力求均衡对称,有的组合为庭院式建筑群,院中开凿水池以防火,并种植花草树木,环境清幽。皇家藏书楼除实用外,多数较为富丽堂皇。

20世纪初,西方固定功能的图书馆建筑模式传入中国。由于图书馆功能由以文献收藏为主转变为文献保存、传播和利用并举,因而建筑内部空间相应形成了藏、借、阅、文献整理加工4类空间,藏、借、阅三段式组合布局形制。建筑多采用砖石和钢筋混凝土混合结构,内部空间有很多不可移动的承重墙,形成各功能空间位置及面积的固定,如1916年建造的清华学堂图书馆、1931年建成的国立北平图书馆(现北京图书馆分馆,在北京文津街)等。到了20世纪70年代,现代钢和钢筋混凝土框架结构已普遍应用,内部空间中的隔墙虽不承重,但也不易移动,仍未脱离固定功能模式。由于独立的和设在阅览室中的辅助书库已经普及,形成了局部的藏、阅合一空间;同时注重与基本书库和阅览室的组合。如北京大学图书馆将三者组合成单元体,形成以闭架为主,辅以局部全开架或半开架的管理方式。20世纪80年代,一些图书馆吸收国外模数式图书馆建筑设计的优点,书库趋于开放,层高、柱网和荷载趋于统一,如北京医科大学图书馆等。一些中小型馆甚至取消了在建筑结构上独立的基本书库,将书库空间按照阅览室的空间要求设计建造,如北京第二外国语学院图书馆等。这些都表明,图书馆建筑设计已力求提高内部空间格局的灵活性、适应性和扩展性,并呈现发展藏、阅合一空间的趋势。

  随着我国经济事业的发展取得了巨大的成就,形成了公共图书馆、高校图书馆、科学和专业图书馆、其他图书馆等构成的图书馆体系。在跨越新世纪的信息时代,图书馆又面临新的发展机遇,数字图书馆、虚拟图书馆、电子图书馆等新型图书馆的出现和讨论,成为现代图书馆的一大景观。这些新型图书馆的出现,使得图书馆建筑模式和管理方式随之而改变,相关的讨论与研究也随之而起。

  伴随电脑的普及和网络的发展,人们足不出户就可以在网上看书,也可以从网络中迅速获取所需的信息。大量的网上图书馆,数字图书馆满足了e时代的人们对知识的渴望。那种收藏传统印刷型文献的图书馆似乎已经过时了,有人甚至预测它将逐渐地消亡。然而事实并非如此,虚拟的图书馆并不能完全代替实体的图书馆。图书馆作为一种分享文化价值和社会价值的标志作用仍将保留下去。我们是爱群居的生物,我们需要属于一个较大的群体中,这加强了我们本身和我们的社会意识。虚拟的图书馆不能满足我们所有的人际交往的需要。作为现代图书馆,它要能综合实体和虚拟的两种世界,同时还能满足技术发展和总在变化着的各种要求。它应该是一种"复合图书馆",它能将纸质与数字、本地与远程等各种信息资源集成于一体,同时提供印刷和电子资源无缝隙存取,是对传统图书馆和数字图书馆的整合。

  在世纪之交的今天,一个以知识和信息产业为基础、全球一体化为背景的新的经济时代到来了,作为信息产业重要组成部分的图书馆,面临着空前激烈的革新与竞争。但从总体上看,图书馆在走过千百年的艰难历程后,带着前所未有的希望与荣光,正阔步向前迈进,现代图书馆正在数字化、电子化和自动化的基础上,向远程化发展。未来图书馆技术的发展将体现网络、交互、移动和虚拟等态势;模式的发展可能有网上图书馆、自助图书馆、家庭图书馆、移动图书馆和虚拟图书馆等;而在观念上,其将更多地体现开放化、远程化、虚拟化、多元化和人本化的特点。

1.5 图书馆常用术语

在图书馆建筑设计过程中遇到的术语比较多,为了便于学习与交流,把常用的术语介绍如下。

(1) 公共图书馆

具备收藏、管理、流通等一整套使用空间和技术设备用房,面向社会大众服务的各级图书馆,如省、直辖市、自治区、市、地区、县图书馆,其特点是收藏学科广泛,读者成员多样。

(2) 高等学校图书馆

为教学和科研服务,具有服务性和学术性强的大专院校和专科学校,以及成人高等学校的图书馆,简称高校图书馆。

(3) 科学研究图书馆

具有馆藏专业性强、信息敏感程度高、采用开架的管理方式和广泛使用计算机和网络技术等先进的服务手段的各类科学研究院、所的图书馆,简称科研图书馆。

(4) 专门图书馆

专门收藏某一学科或某一类文献资料,为专业人员服务的图书馆,如音乐图书馆、美术图书馆、地质图书馆等。

(5) 普通阅览室

以书刊为主要信息载体供读者使用的阅览室,是图书馆中数量较多的一种阅览室。

(6) 特种阅览室

指"音像视听室"、"缩微阅览室"、"电子出版物阅览室"等。这类阅览室,读者须借助设备才能从载体中获取信息,对建筑设计有特殊要求。

(7) 开架阅览室

藏书和阅览在同一空间中,允许读者自行取阅图书资料的阅览室。

(8) 文献资料

记录有知识和信息的一切载体,包括书刊资料和非书刊资料等多种形式，一般统称文献资料，系图书馆馆藏信息载体的总称。

（9）非书资料

非印刷型的非书本式的资料。包括录音带、录像带、幻灯片、投影片、电影拷贝、缩微胶卷、图片、模型、智力玩具、机读磁盘、磁带、光盘等。

（10）基本书库

图书馆的主要藏书区，对全馆藏书起总枢纽、总调度作用，具有藏书量大、知识门类广的特点。基本书库的藏书内容范围、品种和数量反映一个馆的性质、规模和为读者服务的能力，常作为划分图书馆规模的指标。

（11）辅助书库

采用闭架管理时，图书馆中为读者服务的各种辅助性书库。如外借处、阅览室、参考室、研究室、分馆等部门所设置的书库。其藏书具有现实性、参考性、针对性强和利用率高、流通量大的特点。

（12）特藏书库

收藏珍善本图书、音像资料、电子出版物等重要文献资料，对保存条件有特殊要求的库房。

（13）珍善本书库

收藏经鉴定列为国家或地方级珍贵文献，对安全防范和保存条件有特殊要求的库房。主要收藏刻本、写本、稿本、拓本、书画等古籍与珍品，是特藏库的一种。

（14）磁带库

主要收藏录像带、录音带、机读磁盘、磁带和光盘等载体的库房。其存放库架和保存环境都有特殊要求。

（15）开架书库

允许读者入库查找资料并就近阅览的书库。此种书库除正常的书架外，在采光良好的区域还设有少量阅览座（厢）供读者使用。

（16）密集书库

以密集书架收藏文献资料的库房。此种库房的荷载可按实际荷载选用，多设置在建筑物的地面层。

（17）密集书架

为提高收藏量而专门设计的一种书架。若干书架安装在固定轨道上，紧密排列，没有行距，利用电动或手动的装置，可以使任何两行紧密相邻的书架沿轨道分离，形成行距，便于提书。

(18) 积层书架

重叠组合而成的多层固定钢书架。附有小钢梯上下。其L层书架荷载经下层书架支柱传至楼、地面。上层书架之间的水平交通用书架层解决。

(19) 书架层

书库内在两个结构层之间采用积层书架或多层书架时，划分每层书架的层面。由于该层面一般直接支承在书架上，多为钢板或钢筋混凝土预制板，故又称甲板层或软层，以别于书库的结构层。

(20) 行道

两排书架之间的距离，又称书架通道。其宽度与开架、闭架的管理方式有关。

(21) 书库提升、传送设备

在书库或密集藏书区为减轻工作人员劳动强度，提高传递速度而设于上、下楼层之间及水平传递图书（及索书条）的设备。它可以是手动、电动或机械传动。

(22) 典藏室

一馆内部登记文献资料移动情况、统计全馆收藏量的专业部门。

(23) 计算机信息检索

计算机信息检索是利用计算机系统有效存储和快速查找的能力，发展起来的一种计算机应用技术。它可以根据用户要求从已存信息的集合中抽取出特定的信息，并具有插入、修改和删除某些信息的能力。图书或文献检索系统属于信息量较大而不常修改的二次信息检索系统。

(24) 信息处理用房

满足图书馆信息技术服务功能的用房。它包括信息的显示、摄取、变换、传递、存储、识别、加工等所有的信息处理过程。

2 图书馆的选址和总体规划

2.1 图书馆选址

选址对于图书馆的建设是一个非常重要的问题,如果选址不当,图书馆不但使用不便,而且还可能造成建设费用增高,留下后患。图书馆的选址首先要符合当地的总体规划和文化建筑的总体布局,其次还要遵循以下一些原则。

(1) 位置适中,交通方便

图书馆是为广大读者服务的,所以从方便读者考虑,一般图书馆应布置在读者的中心区域。公共图书馆作为本地区的重要文化设施,应布置在该区域的适中地段,交通便利,使广大读者能够方便地到达。高校的图书馆为了方便师生的使用,一般布置在教学区与宿舍区之间的位置。

沈阳建筑大学图书馆(图2-1)位于教学区与宿舍区之间,图书馆有多条道路分别与教学区及宿舍区相连。

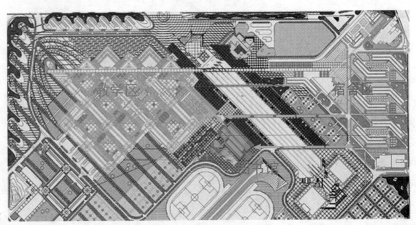

图2-1 沈阳建筑大学图书馆

(2) 环境安静

不论是公共图书馆还是学校图书馆,都应该尽量有一个相对安静的环境,才能使读者安心地读书、学习和研究;但是也不能盲目追求"环境安静"这一条件。有些图书馆虽然环境安静,但地处偏远,交通不便的地方,致使读者不多,很难充分发挥图书馆的作用。对选择馆址观点上的改变,也是随着对图书馆概念的改变而来的。由于现代图书馆已向信息化方向发展,为广大读者服务,过去要选一个优美安静地区建馆的思想已有所突破,今天普遍强调的是希望建在人口比较密集,接近服务对象,交通方便,没有各种污染的中心地带,特别是公共图书馆,这样才能更好、更方便地为读者服务,才能成为广大读者名符其实的信息网络中心,可以在这里开展各种文化教育活动,所以要综合考虑环境问题。

公共图书馆最好选在接近城市的中心区域,环境又较安静的地方,要尽量避开各种噪声源。中国国家图书馆(图2-2)背靠紫竹院公园,前临中关村南大街,既保证了交通的便利又获得了优美而安静的环境。

高校图书馆一般都设在校园内,相对比较安静,但也要避开噪声较大的城市主干道及其他噪声源。

(3) 适宜的自然环境和地质条件

1)场地的选择要有良好的日照和自然通风条件,建设地段应尽可能使建筑物有良好的朝向;

2)应避免低洼潮湿的地方,排水要顺畅;

3)场地要远离易燃、易爆、易发生火灾的部门;

4)场地要远离有害气体的污染源。

图2-2 中国国家图书馆

2.2 总体规划

图书馆总体规划的基本要求：

1）图书馆的总体规划要因地制宜，结合具体的现状，使功能分区明确，布局合理，各分区联系要方便，并且互不干扰。对于大中型公共图书馆来说，一般可分为馆区和生活区两大部分。在馆区中，又分为对外工作区（包括一般读者阅览区）；对外开放的公共区（如陈列室、报告厅等）和内部工作区（行政办公业务办公及技术设备用房）。

2）交通组织要合理，尤其注意读者人流、书流和服务人流要分开，互不干扰，应分别设置读者出入口与书籍出入口。道路布置应便于图书运输、装卸和消防疏散。读者出入口应满足无障碍设计的要求。设有少年儿童阅览区的图书馆，该区域应有单独出入口。

对于高校图书馆的总体规划要注意各种人流的方向。高校图书馆一般布置在教学区与宿舍区之间的位置。如果学生宿舍区与教工宿舍区不在同一方向时，要以学生人流为主，适当考虑教职工的人流方向。由于图书馆是大学中的重要建筑，不少学校都把图书馆放在教学区中轴的位置上。必须强调的是建筑物的主要入口要符合人流的主要方向，不能片面强调对称等原因而使入口与主要人流方向相背，引起建筑布局上的不合理。有一些图书馆由于强调校园轴线的对称，结果大量人流从侧门进出，主要门厅形同虚设。

3）合理的布置室外场地，创造优美的室外环境。馆区总平面宜布置广场、绿地、庭院，当读者在馆内长时间地阅读和书写后，不可避免地会出现大脑、视觉和身体上的疲劳，这时他们会到馆外休息和散步，室外优美的环境可以解除他们的疲劳。

山东交通学院图书馆（图2-3）在建筑场地的北侧，原有一个池塘，设计中将它保留了下来，并加以改造。水面不仅改善了图书馆周边的微气候，同时还形成优美的环境景观。

由以色列建筑师摩西·赛弗迪（Moshe Safdie）设计的加拿大温哥华公共图书馆（图2-4）是一个别出心裁的设计项目。他把图书馆本身同与其相

图 2-3　山东交通学院图书馆前的池塘

连的广场视为一个整体——城市的中庭。人们提到新图书馆建筑,往往直接称之为"图书馆广场"。图书馆的主楼与弧形长廊面向广场的一面均有高大玻璃窗,采光充分,读者既能利用自然光线阅读,还能俯视广场上各种文化社会活动。这种馆内外活动一目了然的设计使馆外行人容易产生进馆浏览的愿望,也使馆内读者感到读书也像其他文化活动一样是生活的一种乐趣。

此外,总平面中还应设置足够的自行车和机动车停放场地。图2-5是深圳南山图书馆的停车场,停车场的布置与绿化相结合,效果很好。

4)图书馆建筑布局要紧凑,节约用地,并留有发展用地,为以后扩建提供方便的条件。新建公共图书馆的建筑物基地覆盖率不宜大于40%。

将于2007年建成的国家图书馆二期工程暨国家数字图书馆(图2-6)就是建在国家

图 2-4　加拿大温哥华公共图书馆

图 2-5　深圳南山图书馆的停车场

图书馆的预留地上。该工程项目位于国家图书馆北侧。1975年周恩来总理在批准国家图书馆总体建设方案时,高瞻远瞩地提出要为图书馆在下世纪的发展留出空间。当时一次性征地10hm²,一期占地7hm²,预留了3hm²作为二期工程建设用地,避免了本工程项目再选址、再征地的问题,大大减少了二期的投资规模。

5) 当图书馆与其他建筑合建时,应以不影响图书馆的使用,不妨碍读者学习为原则。对于那些有污染,有火源,人流过于集中及噪声大的房屋不宜与图书馆建造在一起。

将各种不同功能的公共建筑组合在一起,形成一个文化中心,以形成整体的区域文化优势。这些公共建筑彼此互补并可以做到资源共享。浙江省长兴县图书馆与档案馆(图2-7及图2-8)和少儿图书馆合建在一起,它们处在一个区块内,增强了整体文化优势。三者既相互独立,又有机统一。

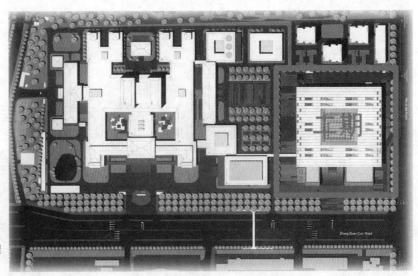

图2-6 国家图书馆二期工程暨国家数字图书馆

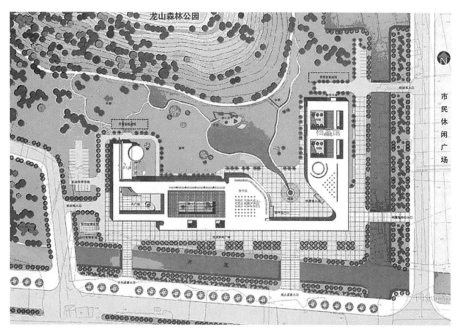

图 2-7　长兴县图书馆与档案馆总平面

图 2-8　长兴县图书馆与档案馆模型

3 图书馆建筑的功能分区和空间组织

3.1 空间构成及功能关系

传统的图书馆功能单一而固定,藏书空间、借书空间、阅览空间彼此分开,各成一体。书库的功能就是用来藏书,阅览室的功能就是供读者用来学习和阅览,很少有藏书的任务。现在图书馆随着社会的进步和科技的发展,功能朝着多层次、灵活性、综合型、高效性发展。

现代图书馆一般分为以下几个部分。

(1) 入口部分

包括入口、存物、出入口的控制台、门卫管理等。入口处要求与其他部分联系方便,并且便于管理。图3-1所示为厦门大学图书馆入口部分。

(2) 信息服务区

包括目录厅、出纳台、计算机检索区域等。读者可以由入口直接到达这个区域,并且能方便地到达各种阅览室。图3-2所示为深圳南山图书馆计算机检索区。

(3) 阅览区

现代图书馆的阅览区是一个开敞的空间,集阅、藏、借、管为一体,为读者提供多种选择性。

阅览区应能容易到达,并且应与基本书库有方便的联系。空间应有较

图3-1 厦门大学图书馆入口部分

图3-2 深圳南山图书馆计算机检索区

大的灵活性，适应开架阅览和功能变化的需要。

（4）**藏书区**

包括基本书库、辅助书库、储备书库和特藏书库。藏书区与阅览区既要分隔又要有方便的联系。藏书区要有单独的出入口，便于运送图书。

（5）**馆员工作和办公区**

包括行政办公和业务用房等。办公区要与馆内其他部分有方便的联系，大型图书馆办公区必须有独立的出入口。

（6）**公共活动区**

包括报告厅、展览厅、书店等。该区属于动态空间，此区域的设置要有一定的独立性，不应干扰图书馆的正常使用。

（7）**技术设备区**

包括空调机房、电话机房、电子计算机机房等技术设备用房。该区域应避免噪声及振动对其他区域的影响，一般常设在地下或顶层。

（8）**生活区**

大型公共图书馆一般还设有职工食堂和职工住宅等，它们应独立设置出入口，自成一区。

传统图书馆采用闭架管理方式，藏书区与阅览区互相分开，中间设置借书厅来联系借、阅、藏各部分，读者无法直接接触到文献资料。现代图书馆由闭架走向开架的管理方式使藏书区与阅览区合二为一，同时现代图书馆的功能也在不断地发展变化，所以那种固定不变的空间和分区形式必将由一个灵活可变的空间和功能分区所取代。它的目的就是要使读者尽快地获得所需要的信息和接受相应的服务。

图3-3~图3-5表示几种不同类型图书馆的组成及功能关系。

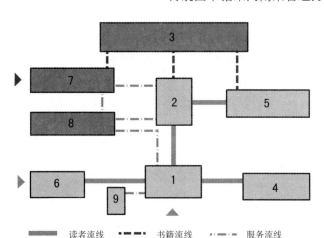

图3-3 中小型公共图书馆功能关系图
1-门厅；2-信息服务处；3-书库；4-报刊阅览室；5-成人阅览室；6-儿童阅览室；7-采编加工；8-行政办公；9-门卫管理

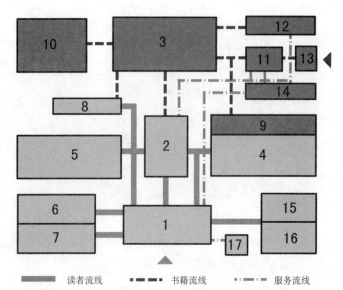

图 3-4 大型公共图书馆功能关系图
1—门厅； 2—信息服务中心； 3—总书库； 4—参考阅览室； 5—普通阅览室； 6—报刊阅览室； 7—政治阅览室； 8—研究室； 9—辅助阅览室； 10—储备库； 11—编目； 12—书籍修补加工房； 13—采购； 14—办公； 15—陈列室； 16—讲演厅； 17—管理

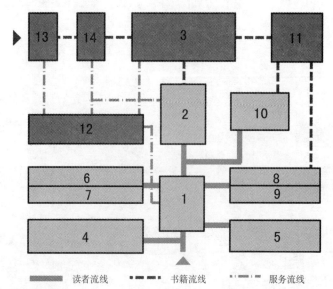

图 3-5 大学图书馆功能关系图
1—门厅； 2—信息服务中心； 3—书库； 4—报刊阅览室； 5—自修阅览室； 6—普通阅览室； 7—学生阅览室； 8—参考阅览室； 9—教师阅览室； 10—研究室； 11—辅助书库； 12—采编办公室； 13—采购； 14—编目

3.2 图书馆建筑的功能要求

建筑的内容就是它的功能。图书馆建筑是其功能的物质化,设计必须按图书馆的需要进行,这是一条最重要的原则。现代图书馆是一个开放型、多功能、综合性、高效率的文献信息中心,随着图书馆的任务、地位、职能的变化,及其读者、收藏、管理的变化,其功能也在不断发展着,越来越多样和繁杂。因此在设计时,必须要深入了解并解决好图书馆的基本功能要求。

(1) 紧凑性的要求

一个高效率的图书馆设计,必须使它的建筑布局紧凑而有条理。藏、借、阅是图书馆的三个基本部分。它们的布局方式,决定着建筑的平面形式。在进行平面布局时,必须使书籍、读者和服务之间路线便捷通畅,避免交叉干扰,简化和加速书籍流通,最大限度地缩短工作人员的取书和运书距离,减少读者借书的等候时间,并使读者尽量接近书籍,缩短编、借、阅、藏之间的运行距离,以节省时间,提高效率,特别是基本藏书区与阅览区的联系要直接简便,不与读者流线交叉或相混。

(2) 分区明确,互不干扰

在建筑布局时,要根据图书馆内各部分空间的使用特点划分为不同的区域,进行合理的分区。使各区之间既有联系,又有分隔,互不干扰。

图书馆建筑一般应将对内和对外两大部分分开,闹区和静区分开,从而为图书馆的高效性创造条件。

1) 内外分区　内外分区即是将读者活动路线、工作人员的工作路线和书籍的加工运送路线合理地加以组织区分,使流线简捷明确,避免彼此穿行、迂回曲折和互相干扰。

内部区域主要是工作人员活动的区域,包括藏书区、办公区、内部作业及加工区等等。外部区域主要是读者的活动区域,包括阅览区、公共活动的报告厅和展厅以及为读者服务的餐厅、书店等商业用房。这两个区域既要区分明确，又要联系方便。

内外分区是现代图书馆合理使用的最主要的要求。如果处理不好，必将带来管理上、使用上的不便和紊乱。一些大型的图书馆对内外分区的要求更为严格。它们不但工作区域划分清楚，甚至连楼梯、电梯、厕所、走道都是泾渭分明。

但是，内外分区并不意味着这两个区域截然分开。现代图书馆的开放性和高效性的特点以及新的技术、新的管理方式的采用，要求内外区域联系密切，交通便捷。

2）闹静分区　读者需要一个安静的阅读环境。因此在图书馆设计中还要将闹区和静区分开，以创造一个良好的室内环境。图书馆建筑的一些用房在操作过程中会产生噪声，如装订室、印刷间、打字室等。有的在使用过程中人多嘈杂，如报告厅、展览厅及对外商业用房等。而有的房间则需要高度安静，如采编部门业务办公室及阅览区。就阅览区而言，一般的阅览室都应宁静，尤其是研究室、参考阅览室及视听阅览室等要求更为突出；而报刊阅览室、儿童阅览室相对就嘈杂一些，因此需要将它们分开布置，以便减少干扰。从"闹"和"静"的角度分析，图书馆设计一般将内部加工区与读者使用区分开，阅览区和公共活动区分开，而各区内部也应进行一些必要的分区，如在公共图书馆中，要将成人阅览区与儿童阅览区分开。

分区方式：分区方式一般采用水平分区与垂直分区或者两者兼用。水平分区，就是将各种不同性质、不同要求的部分布置于同一平面的不同区域。一般总是将内部用房布置在后，读者用房布置在前。"闹"区布置在前，"静"区布置在后，即前后分区。此外，还有左右分区的布局方法（即将内部用房、读者用房左右分开布置）。除水平分区外还有垂直分区的布置方法，就是将不同的区域放置在不同的楼层上。一般将闹区安排在较低层，将静区安排在较高层；人流量多的在较低层，人流量少的在较高层。通常单一分区方法不能完全解决问题，更多的是将水平分区与垂直分区结合的布置方法。

（3）灵活性的要求　灵活性是现代图书馆建筑的重要特征，一个好的图书馆建筑设计,不仅要满足当前的功能需要,而且还要适应今后发展变化的需要。灵活性是图书馆建筑发展的生命力,是现代图书馆建筑与传统图书馆建筑显著不同的标志。图书馆建筑的灵活性,主要表现在:馆内的房间可以根据需要灵活地变动;房间的大小亦可以随时根据需要进行扩大或缩小;各主要用房的功能从单一性变为尽可能的多样性。

现代图书馆建筑打破了传统图书馆藏与阅的严格界限。固定的集中式藏书的空间越来越小而阅览的空间则越来越灵活、可变、舒适、扩大。一个房间内往往是既有藏书又有阅览甚至有外借,达到藏、阅、借一条龙有机结合,体现出多功能性,极大地方便了读者。

现代图书馆的另一特点是新技术、新设备在图书馆中的应用日益广泛,而且还需要不断的更新,它必将影响到内部房间的组成,面积的分配,而且影响到以及内部功能的关系空间环境。因此在建筑设计上,应该考虑这种变化和更新的需要,尽可能地延长建筑适用年限。

(4)朝向、采光和通风的要求

光线和通风条件对于图书馆来说都是至关重要的,它是创造良好阅览环境和藏书环境的必要条件。考虑到可持续发展战略的需要,现代图书馆应坚持以自然采光通风为主,充分利用自然资源,节约能源,同时也有利于人的健康。因此在进行建筑布局时,应结合基地具体的日照、方位条件,采用多样化的布局,在满足功能的前提下,尽可能使图书馆的各部分有良好的朝向、自然通风和自然采光条件,特别是阅览区和藏书区。

根据我国的自然条件,图书馆以坐北朝南为最理想,忌东西向。如果条件不允许,应尽量采取有效的措施防止东西晒的出现。从朝向,自然采光和自然通风的角度来看,采用"一"字形及其变体的条形平面较好,可以避免东西向,各主要房间都可朝向南北。对于进深较大的块状形体,可以适当增设采光中庭解决采光通风问题。

浙江图书馆(图3-6)从几个方面很好地处理了自然采光和自然通风问题。①入口门厅中间的屋顶直到目录厅的中间4根大柱子之间设计了一条宽2m、长达73.8m的玻璃光带。从而使大厅、目录厅的自然采光柔和宜人,白天可以不用任何人工采光设施。②在大楼的东部、东南部的阅览区设计了部分落地玻璃光带和一些玻璃幕墙。这既能让读者享受大量的自然采光,又能让读者休息时远眺,享受窗外优美的自然景观。③设计师在顶楼阅览区的屋顶设计了8个玻璃斜面,既能享受天然采光又能节约能源。

图3-6 浙江图书馆目录厅顶部玻璃光带

3.3 图书馆建筑布局

建筑布局就是建筑平面和空间的组织。图书馆的建筑布局要满足功能使用要求，合理地组织读者活动流线、工作人员活动流线和书籍加工运送流线；保证各个功能区域彼此之间有合理的联系和分隔，互不干扰，有利于节省时间和提高工作效率。

传统图书馆采用闭架的管理方式，读者和书是彼此分开的，建筑布局上阅览室和书库自然也就互相独立存在并且不能灵活变动。我国现阶段图书馆走向开架管理已成为主流。阅览空间已不再是只有阅览功能，它已经集藏、阅、借等功能于一体。所以说管理方式的变革也为新的建筑布局形式创造了条件。

现代图书馆的建筑布局一般要考虑以下一些问题。

（1）图书馆建筑使用的灵活性

前面已经提到灵活性是现代图书馆建筑的重要特征，也是图书馆建筑的灵魂。为了达到灵活性的要求可以采用以下一些方式。

1）变分散的条状体型为集中的块状体型　传统的图书馆规模较小，布局都是以条状体为基础进行组合的，它提供的空间狭长，进深不大，以承重墙相隔，工作流线长，联系不方便。后来图书馆设计改为工、山、口、日、田、出等字形的平面，中间出现敞口或封闭的内院。为使平面紧凑，内院缩得越来越小，以致完全没有，变成一整块的几何图形体，这就是国外的"模数式"图书馆设计。

2）变分隔的小空间为开敞连贯的大空间　在建筑的空间上，将分割固定的小空间尽量改为开敞连贯的大空间，可满足使用上的灵活性。采用大跨度的柱网，避免室内固定的结构墙，可使布置更加灵活。为适应阅览、藏书和服务用房三个部分面积变化互换的需要，内部空间可以用板墙或书架等灵活分隔。

3）变小开间为大开间　在结构上，尤其是多层图书馆建筑布局中，其灵活性在很大程度上还决定于楼板层结构的设计，在支撑系统方面宜增大开间，扩大进深。G·汤普逊在《图书馆的计划与设计》一书中，对英国四所大学图书馆进行分析后表明，柱网间距大的图书馆建筑使用中适应性指标高，反之则低。

我国常用的开间是3.6~5m，少数为6m，近年也有扩大到8m以上的。这样就提高了图书馆的适应性，增大了空间使用的灵活性。

4）统一柱网、层高、荷载　在楼层结构方面，采用统一柱网、层高和荷载，按书库荷载设计，内部空间可任意调整和灵活安排。

从图书馆使用上考虑，柱网的选取对今后书架、阅览桌等家具设备的布置有着直接的影响，根据图书馆建筑设计规范内有关家具布置的条款，双面阅览桌中心距为2.5m，而开架书库中的书架中心距至少为1.5m，闭架书库中的书架中心距至少为1.2m，为了满足这些家具今后在柱网中的布置，5m和7.5m的柱网尺寸是较理想的。而根据国外资料分析，显然大尺寸的柱网效率更高，因此有条件的图书馆建筑建议用7.5m的柱网，同时为了使家具在纵横向都易布置，柱网在纵横向的尺寸应相同。

图书馆的层高按照汤普逊的观点，在正式阅览区，站在入口处要能够环视整个房间顶棚至少需要2.5m的高度；有条件时，为了避免压抑感，2.75m的层高比较合适。在国外，一些图书馆层高在2.5m左右，也因为国外图书馆采用了机械通风和人工照明等现代化设备。我国基本采用自然采光和通风，层高应有所增加。层高的选择既要考虑读者的空间感受又要考虑经济性。根据我国的国情目前认为图书馆净高可采用3~3.3m，这是比较经济、合理的。

5）模数式图书馆　模数式图书馆是针对传统式图书馆缺乏灵活性这一弊端而产生的一种现代图书馆的布局模式。早在20世纪20年代初，美国便出现了模数式图书馆设计思想。第一座模数式图书馆是于1943年开始设计、1952年建成并开放的美国依阿华州立大学图书馆。

"模数式设计"是指不带天井、形状方整、柱网统一的块状布局。美国著名图书馆建筑专家梅特卡夫为模数式图书馆设计所下的定义是：模数式建筑物是以按固定间距设计的柱子做支撑，除掉柱子，在建筑物内就没有任何支撑重量的东西。"在模数式图书馆里，用四根柱子围成的矩形或正方形的方格是基本单元,在其中任何基本单元布置阅览桌椅都可以作阅览区域使用,安上书架就可以作书库使用,摆上办公桌椅还可以作办公室使用。而且,今天为某种目的使用的单元,再想转用于其他目的而进行改变时,在结构上没有任何困难。"

模数式图书馆设计,是从以下两点着眼:一是使读者和书籍的关系更密切,实行开架;二是为了适应未来发展的需要,空间具有使用的灵活性。设计力求解决水平和垂直两个方向的灵活使用问题。在使用产生变化时,除了电梯、楼梯、厕所、风道、竖向管道井位置不易改变外,其他都可以根据需要对空间的用途和布置予以调整。这种模数式图书馆一般是建筑平面方正,由整齐的方格柱网组成,其楼梯、电梯等垂直交通枢纽及厕所和竖向管道都力求集中。楼板荷载统统按书库要求设计,这样既能适应变化的要求,灵活地安排各个房间,又能保证各个房间布局的紧凑。

模数式平面柱网整齐,层高、柱网、楼面荷载三统一,使用灵活、可变性大,室内空间流动畅通,并结合人流路线和使用要求,灵活安排,保证了大空间的弹性使用。结构系统简单规整,施工方便,适应图书馆建设工业化的要求。"模数式"图书馆已经成了西方、特别是美国图书馆设计普通应用的一种方法,但在我国图书馆建筑设计中的应用,仍有其局限性。模数式设计为图书馆提供了很大的灵活性,灵活性越大,功能越多样,则必然要提高建筑造价。

图书馆的灵活性只对远期计划有用,对于近期,重点只能考虑近期适用性,我们不可能在新馆刚建成的时候,就考虑灵活的区域变换。因此在开始设计新馆时我们就必须在强调近期适用性兼顾远期灵活性的这一前提下,依照图书馆各部分的功能进行分区,不同的分区可以按其空间需要设计不同的柱网,这样既可以保证图书馆的经济性,又可以保证其空间多样性和适用性。

(2) 图书馆建筑分层布置及原则

现代图书馆由于信息容量的要求,规模往往较大,加之垂直运输工具的发展,一般为多层甚至高层。图书馆的建筑布局必须考虑图书馆建筑的分层布置问题,即决定哪些用途的空间必须布置在底部,哪些可布置在上层，哪些空间必须靠近并布置于同一层。

分层布置就是垂直分区，其分区的基础就是将功能关系密切的用房布置于同一层，或上下相同的层面上，而将不同性质的房间置于不同的层上，并根据使用情况及技术条件确定其垂直方向的位置。

首先，应考虑主层的设置问题。主层是图书馆的一个主要部分，是全馆服务的中心。目录厅、总出纳台、信息情报中心以及主要的阅览室和交通枢纽一般都设在这一层。主层服务频繁，读者活动多，流线复杂，是全馆交通处理的重点。主层究竟设在哪一层合适，要根据图书馆的地形、环境、层数和规模等因素综合考虑。一般在中小型图书馆中常设在底层，在中型和大型图书馆中常设在二层，而某些大型图书馆甚至将二、三层都作为主层，而底层则作为浏览性读者用房，如报刊阅览、内部业务用房及设备用房或作为对外的公共活动用房。

其次，在分层布置时，还应考虑到各部分不同服务对象的特点。图书馆的服务对象一般分为浏览读者、阅览读者和研究读者三类。在垂直分区时，一般将无一定借阅目的、逗留时间短的浏览读者的活动区，如报刊阅览、期刊阅览等布置在底层；将大量读者所使用的普通阅览设在主层上。至于人数少、工作时间长的研究读者的阅览用房，如珍本阅览室及专题研究等，则可布置在更高的楼层上，从而减少不同人流的交叉迂回，以创造安静的环境。以上的分层办法可以说是一般图书馆的布局方式。

在高校图书馆中，又常常根据不同的专业设立各种阅览室；按照不同对象分层设立教师阅览室和学生阅览室。如云南大学图书馆，按垂直原则进行功能分区，实行分层分科管理出纳。底层入口大厅作为文艺图书馆的出纳、陈列宣传等多功能使用；二层为报刊出纳阅览；三层为理科出纳阅览；四层为文科出纳阅览；五层为教师、研究生及特藏书阅览，并设有若干间大小研究室。

另外，像善本、缩微读物、期刊文献等特藏专业的用房有自己的独立性，分层布置时，可以灵活一些。

分层布置时，一定要把方便读者和方便管理服务两方面结合考虑，片面重视方便读者，忽视管理服务的方便，既不利管理，最终也不利于读者。

4 图书馆的空间设计

4.1 阅览空间的设计

4.1.1 阅览空间的分类

(1) 按专业分

1) 哲学及社会科学阅览室;
2) 自然科学及技术阅览室。

(2) 按读者分

1) 普通阅览室;
2) 教师阅览室;
3) 科技人员阅览室;
4) 儿童阅览室。

(3) 按信息的载体分

1) 缩微资料阅览室;
2) 视听资料阅览室;
3) 报刊阅览室;
4) 古籍善本阅览室;
5) 舆图阅览室等。

(4) 按管理方式分

1) 开架阅览室;
2) 半开架阅览室;
3) 闭架阅览室。

4.1.2 阅览空间的一般要求

(1) 创造良好的阅览环境

读者在一个优雅的环境中,能以饱满的情绪阅览。这对促进和提高读者的阅览效率具有重要意义。为了创造良好的阅览环境一般要满足以下要求。

1) 良好的采光通风条件　良好的自然采光与自然通风条件,不仅能够提高阅读效率，保护视力，有益身体健康，还能节约大量能源，减少环境污染，有助于可持续发展。因此，自然采光与通风条件的好坏是衡量现代图书馆建筑质量与使用效果的重要标准之一。目前我国图书馆提倡采取自然通风。因此，阅览室的设计需要安排良好的穿堂风，以防止夏季闷热。它与采光方式密切相关。单侧开窗容易造成通风不良，可在内墙开设高窗以解决自然通风问题。双面开窗，自然通风良好，在必要的时候，可以采取有效的机械通风，甚至空调。通风换气问题倘若解决得不好，不仅会影响读者阅读效率，而且会有害于读者的身体健康，应引起高度重视。

2）安静的阅览环境　阅览室要有安静的环境和气氛，不分散读者的注意力。保证阅览室的安静，首先要防止外部噪声的干扰。窗户不要开向嘈杂的街道、车辆来往频繁的公路干线等有噪声的场所。其次，要注意内部噪声的消声处理。这就要求在平面布局中，注意防止图书馆内部的噪声对阅览室的干扰。图书馆内部的各类房间，从声响程度可分为安静区（阅览区）、不安静区（借书处、办公室）、嘈杂区（入口、门厅、楼梯、休息室等）、噪声区（各种机房）。因此在平面布置上，应将这几类房间有所分隔，特别是应将后三类房间与阅览区隔开，防止声响对阅览室的干扰，这是非常重要的。阅览室要避免穿行，不要把阅览室设计成套间式的，一间套着一间。也不要为了节省一些交通面积，把中间阅览室变成两旁阅览室的大穿堂，否则，被穿行的阅览室很难保持安静。

(2) 阅览空间的灵活性

图书馆的功能需求是在不断发展变化的，必然要引起空间使用的变化。故在设计时须考虑适应发展变化的灵活性及相对的适应性，对阅览室设计来说尤为重要。其具体要求可归纳如下。

1）各类阅览室之间具有互换性；
2）各类阅览室房间的大小具有可变性；
3）各类阅览室在管理方式上具有可变性；
4）各类阅览室的收藏数量及藏书布置方式具有可变性。

因此，阅览室设计应从灵活使用着眼，考虑大开间设计，尽量提供大而开敞的平面，尽可能不设承重隔墙，而用轻质的便于调整的灵活隔断乃至书柜、书架；加大阅览室荷载，采用能够承受书刊重量的统一荷载，以便可以灵活布置藏书和阅览空间。

4.1.3 阅览空间的布置形式

不同管理方式的阅览室以及不同的性质和类型的阅览室都有其自身的特点，因此各种阅览室的布置形式也有所不同，我们要对各种不同类型阅览室的特点和要求进行具体分析。

(1) 不同管理方式阅览室的布置形式

1) 开架阅览室　开架阅览，就是让读者自己去书架上寻找自己所需要的图书，找到后即可坐在开架阅览室内阅读。这种方式，方便读者，深受欢迎，是今后图书馆发展的方向。但问题是要加强管理，防止损坏和遗失。设计时，必须考虑到管理工作的特殊要求。开架阅览室内应有工作人员负责管理图书和办理借阅手续。工作台的位置，应当使管理人员的视线不受遮挡，便于管理。此外，在布置书架的时候，需要考虑使读者在书架间可以流畅通行，不走回头路。同时，开架阅览室需要同主要书库有方便的联系。如需外借，也可在阅览室内办理借阅手续。

开架阅览室的布置有以下几种形式。

A. 周边式　书架靠墙周边布置，如图4-1所示。这种方式，书架布置较分散，查找书籍不便，读者穿行较多，干扰大。管理工作台靠近入口布置，工作人员视线不受遮挡。

图 4-1　周边式

图 4-2　成组布置

图 4-3　分区布置

图 4-4　夹层布置实例

B．成组布置　书架垂直于外墙，隔成阅览小空间，与阅览桌成组布置，如图 4-2 所示。这种方式可存放较多书籍，也较安静，读者取书阅览方便。如果每组以三排书架相隔，则可减少乃至避免彼此的干扰，但管理人员视线有遮挡，故只常用于参考阅览室及专业期刊阅览室。

C．分区布置　书架布置在阅览区的一端，如图 4-3 所示。这种方式书刊集中，存放量大。一般用于参考阅览室或高等院校图书馆中的教师阅览室。

D．夹层布置　在阅览室内设置夹层，布置开架书架，如图 4-4 所示。这种方式书刊集中，存放量大，使用方便，空间利用经济，室内空间也丰富。

在国外一些科技图书馆专业阅览室中，设置夹层很为流行。在夹层的上下可布置开架书架，也可设置阅览区。

2）半开架阅览室　半开架式，就是在阅览室内设置辅助书库，以柜台或隔断与阅览室相分隔，供工作人员行使正常的管理和办理借出业务之用。一种是普通阅览室的一端设辅助书库；一种是在出纳台附近设辅助书库，也有的用玻璃书橱，每层玻璃留 20mm 的长缝（横向），读者用手指点要借的书，管理人员即可取出。

3）闭架阅览室　闭架阅览室，就是阅览室内不设开架书库，也不附设辅助书库，读者是自己带书或通过基本书库借书来阅读的，有的可设若干工具书架，如图4-5所示。这种方式，读者自由出入，不设管理柜台，一般学生阅览室、普通阅览室都采用这种形式。

(2) 不同使用对象的阅览室

各种阅览室除了有共同的一般要求外，还有各自不同的特点，阅览室的内部设计应该参照这些特点来布置，把它的特征表达出来。

1）普通阅览室，参考阅览室　普通阅览室和参考阅览室是图书馆中两大主要阅览室，它们的特点是面积大，座位多，有的附有大量的开架参考书。布置这种阅览室应注意整齐统一、简洁明快，使众多的读者在大空间内能保持一种肃静、亲切、和谐的气氛。查阅参考书时，要既方便又少干扰。

在这种阅览室中，常设若干半开架书架，以陈列推荐书、新书及工具书。有的采用6~7格的书架，将书架集中排列于阅览室的一边，有时采用3~4格的较低的书架，将书架与阅览座位间隔排列。此外，这种阅览室还常常采用夹层式的布局。

2）教师阅览室　教师阅览室空间不宜大。教师人数较多的学校，图

图4-5　闭架阅览室实例

书馆中的教师阅览室可按专业划分多设几间，最好不要集中为一大间。教师阅览室中常陈列一定数量的参考书、工具书和比较高深的经典著作。座位的设置，除了要有共同使用的大阅览桌外，尚应有单独使用的座位，这种单座既要与大间有联系又要有空间上的分隔。

3）期刊阅览室　期刊是一种特殊的连续性出版物。它有一个固定的名称和统一的外形，是一种定期、不定期或按顺序号的连续出版物。它可及时反映一些最新研究成果、论文和科技情报。一般新成果和情报总是首先反映在各种期刊上。因此，期刊在图书馆中的位置越来越重要。一个大型图书馆经常订有成百上千种中外文期刊。期刊的管理工作是单设专门的期刊库和期刊阅览室（图4-6）。期刊阅览室的位置应与期刊库紧密相连。而期刊库又要与主书库相通，习惯上都喜欢将期刊阅览室和期刊库设在图书馆的底层。期刊阅览室中，一般都是以开架方式将现刊和近期刊物陈列出来供读者自由翻阅，并设有专门的期刊目录和出纳台，为读者办理借阅过期的刊物。

4）报纸阅览室　室中主要是陈列各种当月报纸供读者阅读，如图4-7所示。阅报室的读者大部分为浏览性质，停留时间较短，川流不息，

图4-6　期刊阅览室实例

并容易发出各种议论的声音。因此宜设在楼下，靠近门厅，并设有单独出入口。这样既减少对馆内其他阅览室的干扰，还可以在闭馆时间继续开放，使读者可以利用更多的时间了解时事新闻。阅览室的布置，有的设报纸阅览桌，有的设固定的阅报架，读者站着翻阅。这样安排不仅节省面积，并且可以避免报夹乱放的现象。当天的报纸一般是陈列在馆外的阅报栏内。

5) 研究室　研究室(图4-8)是为那些进行较长时间学习和研究的读者提供的。他们要求环境安静，不受干扰。研究室最好从平面布置上与其他读者分开，可成组地布置于一个安静的区域。在国外图书馆中，这种研究室有的还为读者提供打字机、电视机、录音机等，读者也可携带自己的设备。因此，研究室内都要设置相应的电源线路，门要能锁起来，由读者自己管理。室内还设有专用柜、脸盆及挂衣设备等。在我国，这种研究室在高等学校图书馆中是专供教师、研究生和毕业班的学生作专题研究之用。在大型公共图书馆中，是为机关、科研单位和重点企业从事研究和参阅图书资料所用。这类研究室应该逐渐多设置一些。

研究室根据使用的需要，可以采用大、中、小不同的三种类型：集体

图 4-7　报纸阅览室实例

研究室、单独研究室和书库阅览台等。

　　Ａ．集体研究室　这种研究室可容纳10人左右，每人占3.5～4m²，就像一间办公室一样，可以自己锁闭。座位往往围绕着一个长桌，沿墙布置书架，陈列有关研究的参考书籍及论文资料。

　　Ｂ．单独研究室　这是供个别读者单独使用的研究室，其面积大小幅度差别很大，小者2m²左右，大者10m²左右。它们可以单独或成组设于一区，也可设于大阅览室内，利用书架或隔板隔成不受干扰的一个个小空间。

　　Ｃ．书库阅览台　这是一种设在闭架书库内，供个别读者看书研究的地方，一般是沿着书库的窗户布置。每个空间的面积一般只有1.2～2.5m²。

　　6）缩微阅览室　缩微阅览室是供读者阅读缩微资料的房间，如图4-9所示。缩微资料有胶片和胶卷两种，都需要借助阅读机放大显像才能阅读。胶卷及胶片对防火和温、湿度的要求都比较严格，所以需要有特殊的存放设备。一般将缩微资料的贮藏、出纳、阅览和办公四部分放在一起，自成一个独立的单元。

　　缩微阅览及贮存应避免阳光直射，因此最好朝北，缩微资料库如图4-10所示。缩微阅览室要有遮光设备，室内照度不能太高，以保持显示屏上形象清晰。要注意通风，特别是南方炎热地区要采取局部降温措施。在缩微阅览室内应设管理工作台，并使管理人员可以看到阅览室内

图4-8　研究室实例

部情况，以便工作人员在必要时，帮助不熟悉阅读机性能的读者使用阅读机。

7) 视听资料室

由于书刊本身的变化，视听阅览的发展，微型、声、像知识载体如幻灯、影片、唱片、录音带、录像带等比较普遍，甚至已成为重要的阅览手段，也影响图书馆建筑，一般配置有提供集体与个人阅览的视听室和缩微阅览室等。

目前，在国外先进国家的图书馆中，视听教育的设备已成为不可缺少的组成部分。视听资料按其性质分下列三种。

A．视觉资料——无声影片、幻灯片、录像带等；

B．听觉资料——录音盘、录音磁带、唱片等；

C．视听觉资料——电视、有声电影、录音录像磁盘等。

视听资料用的机器有：放映机、摄像机、幻灯放映机、电视机、放大投影机、收音机、录音机、高速录音复制装置、磁带录音机、电视摄像机、胶片结合机、胶片检查机、电子计算机等。

过去有些图书馆把文献复制和缩微资料的借阅工作与视听资料放在一起。最近几年，几乎各馆都把缩微资料从视听资料中分了出来。缩微胶卷与幻灯影带虽然形状相同，但是前者是书的变形，须借助阅读机看，所以也应与视听资料分开。

图4-9 缩微阅览室实例

图4-10 缩微资料库

视听室的规模因图书馆的性质和大小而不同,一般分两种。

A. 集体用的视听室

标准的视听室容纳60～130人,长10～13m,宽8～10m,高3.5～4.5m。电影银幕高1.8m、宽2.4m。小的视听室也有容20～50人的。视听室最好设有遮光灯泡和附做笔记桌板的椅子。

B. 个人用的视听室　这是供个人利用聆听资料的单独小屋和用隔板隔开的个人用的座位。这样的房间要注意音响效果,须备有耳机及隔间设备,如图4-11所示。

以上是供读者利用的设备,此外,还有内部工作人员用的视听资料库、器材室、维修制作室、准备室和办公室等。这些房间的数量和大小,根据各馆收藏视听资料的范围和数量来决定。

图4-11　仙台媒体中心视听隔间

4.1.4 阅览空间座位排列和面积指标

一般来讲,阅览桌的形式有单面单座、单面联座和双面联座等。每张双面桌所容人数一般为4~6人,有的将阅览桌拼在一起可以容纳8~12人。多数图书馆采用双面阅览桌。双面阅览桌有个很大的优点,就是面积利用率高。常见的阅览桌形式及布置方式见图4-12及图4-13。

阅览桌的排列还要考虑合适的桌间距离,一般至少为600mm或1200mm。若是开架阅览室,阅览室内还需布置书架,书架前会站有读者或有其他读者通行,因此阅览桌与书架之间的距离就要适当加宽。

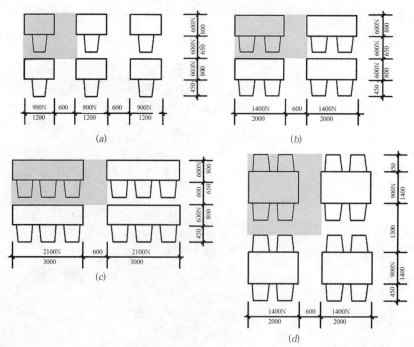

图4-12 阅览桌形式及布置方式(一)(单位:mm)
(a)单人桌(1.8~2.61m²/座);(b)双人单面桌(1.2~1.98m²/座);(c)3人单面桌(1.4~2.16m²/座);(d)4人双面桌(1.1~1.76 m²/座)

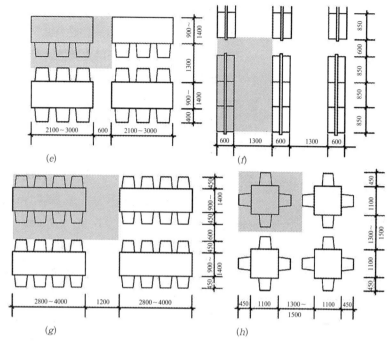

图 4-13 阅览桌形式及布置方式（二）（单位：mm）
(e) 6 人双面桌（1.08～1.74m²/座）；(f) 站式阅览台（1.0m²/座）；(g) 8 人双面桌（1.2～1.88 m²/座）；(h) 4 人方桌（1.44～1.6 m²/座）

阅览桌的排列还应注意方向性，一般是垂直于外墙窗子布置，以获得良好的光线，并使光线从左边来，同时要避免眩光和反光。在单面采光阅览室内理想的布置方式是采用单面排列，读者面向一致，视线干扰少。

4.1.5 阅览室的柱网尺寸和层高

现代图书馆阅览空间要求有很大的灵活性。英国图书馆专家 G·汤普逊在《图书馆的计划与设计》一书中，对英国四所大学图书馆进行分析后表明，柱网间距大的图书馆建筑使用中适应性指标高，反之则低。爱丁堡大学图书馆柱网尺寸为 8.2m×8.2m，适应性指数为 75%，埃塞克斯大学为 6m×6m，指数为 60%，兰开斯特大学为 5.5m×5.5m，指数为 69%，而沃里克大学为 7.6m×7.6m，适应性指数则为 66%。所谓适应性指标，是指不需要作重大变更就能有效地适应布置，用读者座位和书架的面积，除以总地板面积所得的百分数。所以,过小的柱网尺寸在很大程度上会影响空间使用的灵活性,但过大的柱网尺寸也是不经济的。

阅览室开间大小取决于阅览桌的大小及排列方式。一般阅览桌都垂直于外墙布置,因此阅览室的开间应是阅览桌排列中心距的倍数。目前一般都采用双面阅览桌,因此开间的大小是两张双面阅览桌排列中心距的倍数。同时还要与书架排列中心距相协调。一般阅览桌中心距与书架排列中心距之比为1∶2,两书架之中心距即是书架的深度和书架之间通道的宽度之和。最小不低于1200mm,通常是1250mm较多。

根据前面的分析柱网尺寸应是1200mm或1250mm倍数且不宜过小,我国目前常采用6m×6m、7.2m×7.2m、7.5m×7.5m的柱网。

为了增加阅览空间的灵活性,阅览室的进深也应适当加大。一般可加大到24~27m,但应注意阅览室中部的光线和通风问题。可以在阅览空间中部开设屋顶天窗或设置内庭,以便增加中部的光线。

现代图书馆的阅览空间多采用藏、借、阅一体的空间形式,所以阅览室的层高既要满足阅览的需要也要满足藏书的需要,同时要考虑经济性和读者的空间感受。传统图书馆的层高都很高,有的采用5m以上,目的是:一是给人以宏伟感;二是为利于空气流通,降温和自然采光;三是消除人们的压抑感。实践证明,层高过大会增加造价,浪费能源,对于藏书区来讲浪费空间。层高过低也会影响自然通风和采光,同时读者也会感到压抑。根据我国的国情和实践经验,阅览空间的净高在3~3.3m,是节约、合理、适用的选择。

4.2 藏书空间的设计

4.2.1 书库的分类

书库按照使用性质或功能可分为:

(1) 基本书库

就是图书馆的总书库,又称主书库,是全馆的藏书中心。基本书库的藏书量大,知识门类广。通常把中文书、外文书、期刊分别布置,以便管理。一些大型图书馆中,往往再按照藏书的性质,划分为若干部分。

主书库除少数经特许的读者外,一般不对外开放。由于它储量大、门类广、流动频繁,故是设计中的重点之一。

(2) 辅助书库

指图书馆设置的各种辅助性的、为不同读者服务的书库,如外借处、阅览室、参考室、研究室、分馆等部门所设置的书库。辅助书库具有现实性强、参考性强、针对性强等特点,其藏书的利用率高、流通量大,是读者常用的书库。

为方便读者,辅助书库采用半开架形式,读者可进入辅助书库内,直接取书阅读。辅助书库与基本书库应有方便的联系。

(3) 开架书库

一部分图书直接存放于阅览室内,即使读者与读物融于一间,藏阅一体,适应开架管理方式的需要,它藏于开架阅览室中。读者自取自阅,方便读者。

(4) 特藏书库

收藏善本、特种文献、文物、手稿、缩微读物、视听资料等特藏书籍或非书本形式的读物书库。特藏库常与基本书库靠近,并需要有特殊的存放设备和存放条件,如图 4-14 所示。

图 4—14　恒温特藏书库

(5) 密集书库

通常将一些流通量很低又暂不能剔除的呆滞书存放于密集书架,它可用手动或电动开关,此种书库称密集书库。它存书量大、节省建筑空间、荷载也大。一般宜设置在底层或防潮好的地下室层。

(6) 储备书库

又称提存书库或储存书库,是将基本书库里一些副本量过大,长期呆滞或失去时效的书刊剔除出来,而移存到集中收藏这类读物的建筑物内。其中有些书还可以进行馆际交换。这样,可以使基本书库腾出空间收藏更多的新书,而且可以提高书库工作的实效。储备书库的位置,不一定与原图书馆毗邻,内部可以用更密集、更经济的方式收藏书籍。空间设计应以储为主,达到高效、节约的目的。

(7) 保存本书库

又称保留书库、版本库、样本库或庋藏库,是把基本书库中各种图书抽出一本作为长期保存。通常大型图书馆采用这种办法，且多数为社会科学部分。这种书库的藏书一般不外借，除因特殊需要而其他书库又未收藏时，才允许在馆内阅览。设置该书库的目的，不仅是为了保存文化典籍，确保品种齐全，而且是为科研长远需要服务的。

4.2.2 藏书的方式

现代图书馆的发展，已由闭架管理向开架管理过渡，在藏书形式上，也突破了过去的基本书库和辅助书库的藏书形式，扩大到包括阅览室在内的三线藏书及多线藏书的形式。三线藏书即：一线为阅览室的开架藏书；二线为辅助书库；三线为基本书库。这种藏书形式便于按学科分别组成相对独立的藏阅单元，充分发挥方便读者、节约时间的优越性。这种新的组合形式，要求把最新、参考性最强的常用书分别放在相关的阅览室，实行开架管理，由读者自行提阅，而且定期更换。二线和三线藏书起调剂和储备的作用。这种三线藏书形式，彼此可以相辅相成，各有分工和侧重。

藏书形式的确定，在很大程度上取决于各馆的性质和规模。大馆藏书量大，复本多、版本多，接待相当一部分研究读者，故三线藏书确有必要。某些高校、科研、专业馆和中小型公共图书馆等用开架管理方式时，基本书库面积可以适当减小，也可以不设辅助书库，直接在基本书库和阅览室开架藏书之间进行调剂。小型图书馆甚至可以藏阅合一，不设基本书库。

4.2.3 书库规模

（1）书库规模

书库的规模是以藏书的数量，或称书库的容书量为依据的。图书馆的书库，按照容书量，可分为以下几种不同的规模。

1）小型书库　藏书量在10万册以内；

2）中型书库　藏书量在10~50万册；

3）大型书库　藏书量在50~200万册；

4）特大型书库　藏书量在200万册以上。

(2) 容书量指标

容书量指标是指书库单位使用面积容纳图书的数量,单位为:册/m^2。而这个计算指标是要参照图书馆的类型、藏书内容、书架构造、书架排列和填充系数等诸因素进行综合计算和统计而成的。

我国《图书馆建筑设计规范》(JGJ 38—99)对容书量已作出明确规定(详见课件第二部分),设计时可作为确定书库面积的主要依据。但要注意的是,规范中规定的单位面积是使用面积,而不是建筑面积。因此用它来确定书库规模时,应考虑书库的建筑平面系数,然后确定书库的最终建筑面积。

规范中所确定的藏书指标,有一定的变化幅度。为使书库更能切合实际,在设计新书库时,除根据藏书指标确定控制面积之外,尚应对藏书构成进行分析,预测图书的增长速度,然后进行具体计算和排列,使设计更接近实际情况。

4.2.4 书库位置

在图书馆设计中,为使读者尽快拿到自己想要的书,创造一个高效率的图书馆,就要使藏书尽量接近读者。所以书库的位置要慎重考虑,它直接关系到图书馆建筑的布局。由于藏书方式由单一集中型转向分散的多线藏书,书库与阅览室由完全分开演变为藏阅结合的方式,就更要使书库与编、借、阅之间的联系便捷,以节省时间,提高效率。

常见的布局方式有:

1) 书库作为单独的体量放在阅览室后部,这种布局形式要注意二者层高和层数互相配合的问题,要使尽量多的阅览层与书库连通,以方便馆员取书。

2) 书库设在阅览区中间,可以使书库与借书处和周围阅览室有良好的联系。但这种布局方式对于图书馆的通风、采光不利。

3) 垂直布局方式,把书库设在全馆的下部或上部,阅览室和书库借助垂直传送设备互相联系。这种方式各房间布置紧凑,但对建筑设备和机械的依赖也较多。

以上几种布局方式各不相同，对于全馆的平面布局影响很大。在设计过程中，要以方便读者、取用快捷为原则，并根据图书馆的性质和规模，因地制宜地选择合适的布局方式。

4.2.5 书库的平面设计

影响书库平面设计的因素很多，主要有：书架的排列方式、书库的容量、书库的开间与进深、书库的交通组织等。

（1）书型和书架

我们先了解一下书型和书架。

书型是指书的大小，通常称开本，常见开本尺寸如表4-1及表4-2所示。

国内常用书型规格　　　　表4-1

书　型	开　本	尺寸(mm)
	8	380×265
	16	265×185
	25	210×155
	32	185×130
	36	185×115
	64	110×92

外文书籍规格（单位：mm）　　　　表4-2

相当于中文书的开本	俄文书(宽×高)	英文书(高)	德文书(宽×高)	日文书(宽×高)
32开	135×210	150~250	148×210	128×182 148×210
16开	150×225 135×270	250~300	210×297	182×257 210×297
8开	225×300 270×350	>300	297×420	

书架是收藏书的基本设备。它的最小单元是一"档",每档两端有支柱或侧板,见图4-15。档(单元)——书架两支柱间上下搁板组成为"档"或"单元"。搁板——直接承受书籍的水平板。书架上下搁板之间的净空叫书格,每格高度根据藏书内容和书型而定,一般最小尺寸为280~330mm。标准书架尺寸见表4-3。

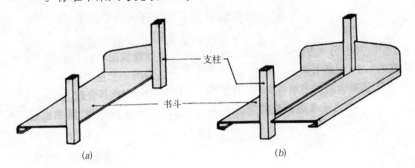

图4-15 书架的基本类型
(a) 单面书架;(b) 双面书架

标准书架尺寸　　　　　　　　　表4-3

名　称		尺寸(mm)	名　称	尺寸(mm)
书架高度	开架	1700~1800	书架分格　6格	320~350
	闭架	2000~2200	7格	300~320
书架宽度	单面	200~220	书架支柱中距	900~1100
	双面	400~440		

书架高度与格数要根据藏书的内容和书型来定,通常设6格或7格。开架阅览室书架一般为6格,闭架书库以7格为多。书架的高度也要考虑取书方便,总高一般为2100~2200mm。

书架一档长度一般有900、1000、1100、1200mm等几种规格,又以900mm及1000mm的较多。为了适应所藏书型和收藏载体的不同,现在很多书库都采用活动搁板,依图书版本大小来调整书格,较灵活方便。

一面有搁板者为单面书架,两面有搁板者为双面书架。搁板宽度要同书本宽度相适应,除了异开本外,一般书本宽度与书本高度的比为1:0.72。

搁板宽度一般为440~480mm，但也视其书架、结构、构造不同而有所变动，常采用的为440mm。表4-4及图4-16为国内书架一般尺寸。

一般书库常用书架、排长及主次走道尺寸　　　表4-4

代号	名称		尺寸(mm)	代号	名称		尺寸(mm)
a	书架宽度	单面书架	220~240	e	档头走道宽度		600~700
		双面书架	440~480	f	排架长	两端有走道	≤8000
						一端有走道	≤4000
b	双面书架中距	常用书	1200~1300	g	书架支柱中距		900~1100
		非常用书	1100	h	库内阅览台		400~500
c	走道宽度	常用书	800~900	i	阅览台中距		1300
		非常用书	600~700	j	书架距阅览台		1000左右
d	排端走道宽度		1200~1300	k	门宽		≥1000

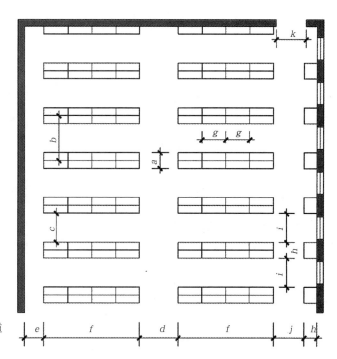

图4-16　一般书库常用书架、排长及主次走道尺寸

(2) 书架排列

书架排列是书库平面设计的基本依据，它直接影响到书库的开间、进深、平面布置尺寸及书库的利用率。因此，设计时应注意选择合适的书架排列方式及尺寸。

书架排列首先要确定书架中距的尺寸。书架中距即两排书架的中心距离又称中行距，简称中距。书架中距常有1200、1250、1300mm，甚至1500mm。而国内大多数书库采用1250mm的中心距，扣除书架宽度，其间走道净宽为800mm。实践证明，这对一般图书馆和闭架书库是适合的，对于特大型的国家馆和开架书库，书架中距可取大一点。

决定书架中距的尺寸还应该与书库的开间或柱网尺寸相适应。通常是一个开间即两排柱子之间布置若干行书架，而开间和柱网的尺寸最好应符合建筑的模数。例如，在一些新建的大型或中型闭架书库中，常采用1250mm的书架中距，这样在两柱之间安排4行书架，开间即为5000mm；若安排6排书架，开间即为7500mm。书架的布置及书库的开间见图4—17。

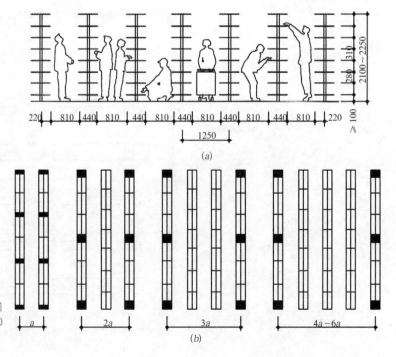

图4—17 书架布置及书库的开间（单位：mm）
(a) 书架布置间距；(b) 书库开间
(a的尺寸可取1200、1250、1300或1500等)

书架排列中另一个重要内容是书架的连续排列，又称行长。连排长度越长，可以减少排端走道，书库的使用面积比例就越大。但是，行长过长使工作人员绕路取书不太方便。为了提书方便，连排长度就应有一定的限制。由于现代图书馆都为框架结构，柱网尺寸多在5~7.5m之间，书架连排数实际已限定。书架连排数当两端有通道时，书架连续排列长度可为9~11档（开架藏书为9档，闭架藏书为11档）；当书架布置一端靠墙时，书架连排长度一般为5~6档（开架藏书为5档，闭架藏书为6档）。

书架一般都垂直于外墙布置，排列方式有：单面、双面和密集式。

1) 单面排列　常沿墙壁布置，书架容书量少，书库面积使用不经济。

2) 双面排列　两书架并排布置，容量大，两面取书，较为方便，而且库内面积使用也较经济。

3) 密集式排列　布置集中，容书量大，面积利用率高，但取书不大方便，同时书架要有特殊的装置（装在固定轨道上，通过推拉联动启闭的组合装置）。

(3) 书库的开间、进深与层高

1) 书库开间　书库的开间决定于书架排列的中心距。一般来说，它应是书架中心距离的倍数。书架中心距如前述常有1200、1250、1300mm，甚至1500mm。目前国内开间一般为书架排列中心距的1~5倍，而以3~4倍居多。一般开间越大，书库收藏能力越高。根据目前的技术条件，取开间为书架排列中心距的5~6倍是较合适的（即开间为6000~7500mm）。

2) 书库进深　书库的进深大小与采光、通风、书架的布置都有密切关系。单面采光的书库进深一般不超过8~9m，双面采光一般不大于16~18m。但也不是绝对的，应根据实际情况而定。如果库内采用人工照明及机械通风，其跨度就可适当加大。

此外，书库进深（即跨度）的大小，也关系到书库的收藏能力。进深越大，书架连排数越多，藏书越经济。一般认为可以通过增加排列行数来扩大进深，这样交通面积相对缩小，收藏能力则相应提高。

3) 书库的层数、层高与净高　书库层数视其规模及基地大小、机械化程度而定。在一般没有提升设备的大专院校图书馆或公共图书馆中，层数以5~6层较为适合。大型图书馆，书库面积大，为了节约占地都使用机械传送，书库可采用高层建筑。北京国家图书馆则为22层(包括地下3层)。新建上海图书馆也采用了两幢高层书库，层数为23层。

书库层高，不同于其他建筑层高，它依据书架高度和楼层结构高度而定。降低层高，可提高单位空间的收藏能力。书架高度一般在2.1~2.2m左右；楼层结构的高度，因结构形式而不同。采用梁板结构的书库，层高一般在2.7~3.3m，净高不低于2.4m。当有梁与管道时，其下净高不小于2.3m，采用夹层开架的书库净高不能低于4.7m。

(4) 交通组织

书库内部的交通组织，包括水平交通和垂直交通。其中，水平交通依赖于走道来解决，垂直交通主要靠楼梯、升降梯等。

书库内的走道，按其所处位置不同，可分为主通道、挡头通道和夹道。走道是书库内部的水平交通，走道安排是否合理，关系到使用是否方便，藏书是否经济。

在有自然采光的书库内，走道平行于纵墙布置，它随书库进深不同，可设一条或几条。一般来说，进深不大的书库，中间设一条走道即可；进深较大的书库，除中间一条主通道外，还应当设挡头走道，以及若干次通道和平行于各排书架的夹道，使交通方便，并便于开窗。

走道应有主次，主要走道应和借书台、书库和竖向垂直交通枢纽相连通，一般居中较多。库内走道及其宽度，取决于书库性质与管理方式(开架、闭架)、人员的活动及运书设备等因素。

书库各楼层之间的垂直交通是指库内楼梯，有时候再加上动力运输设备(电梯或书梯)组成。

在大型书库，为了缩短工作人员取送图书的距离，应把垂直与水平的交通枢纽，布置在书库的中心地带(亦称中心站)。在馆藏量不大、分层出纳、取书距离较近或开架的书库，就不需采用垂直和水平传送设施。在面积比较大的书库，除了一组垂直交通枢纽外，还需要设置辅助性的楼梯，以满足交通与疏散的要求。

布置楼梯时，既要考虑使用便利，又要照顾到不能占用过多的面积。

楼梯布置合适，能提高书库的使用率。

(5) 书库的结构

按承重结构方式分，多层书库有以下几种类型。

1) 书架式　书架式又称堆架式，是传统书库中最早出现的一种结构形式（图4-18a）。它是指在两个结构层之间采用积层书架（堆架）或多层书架时，库内书架层层堆叠，全部荷载连同各楼层的甲板都由书架的支柱或侧板承重，向下直接传递到地面，自成一体，基本上脱离书库的四壁而独立，外墙只起围护作用。堆架式书库层高经济，各种构件可以预制，利于装配。但缺点是书架固定，不能移动，无法改变行距，使用上没有灵活性，防火也不利。近10年来，这种堆架式书库已很少被采用。

2) 层架式　层架式也称楼板承重式。这种书库的结构和普通多层库房一样，书库中每一层都是钢筋混凝土楼板（图4-18b）。这种方式，结构空间占用过多，因而比书架式单位空间藏书量小。这种结构方式书库的优点是：结构单一，刚性好；书架材料选择较灵活，而且各层都有钢筋混凝土楼板隔绝，利于防火；书架不必固定，行距可以调整，使用上具有较多的灵活性。正因如此，这种层架式的书库常被采用。

3) 积层式　它是书架式和层架式的结合，也称混合式，即书库两层承重的钢筋混凝土楼板之间有2~3层书架互相叠。叠置书架的荷载由其下部的钢筋混凝土楼板承受（图4-18c）。这种方式是上述层架式和堆架式结合的产物，综合了上述两者的优点。它既像堆架式那样具有节约空间，结构简单，能充分发挥书架支柱的强度的特点，也具有层架式比较利于防火的特点。

总之，图书馆书库的结构形式是多种多样的，从长期使用实践和图书馆管理工艺的检验证明，固定书架体系的堆架式书库缺点较多。随着开架阅览制度的推广，适应灵活排架的层架式和积层式的结构形式得到了广泛的应用。

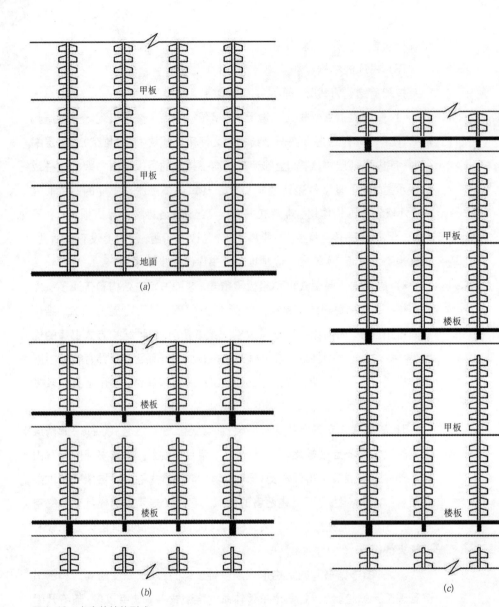

图 4-18 书库的结构形式
(a) 书架式；(b) 层架式；(c) 积层式

4.3 出纳检索空间的设计

出纳、检索空间是读者流线、书刊流线、工作人员流线的交汇中心。读者在此空间内借书、还书、登记和咨询，它是图书馆为读者提供服务的重要空间。

4.3.1 出纳、检索空间的组成

1) 目录厅　这是供读者借书时查阅目录的地方。通常这里布置有目录柜台及供查目录用的桌椅等家具。

2) 出纳台　出纳台也称借书处，是读者办理借、还图书手续的地点。大多设计为柜台式，具有较长的工作面，便于读者办理借阅手续。

3) 工作间　借书处的工作间附属于出纳台，介于出纳台与书库之间，在此对归还的图书进行整理和必要的消毒处理，以便进库上架。

4) 信息服务中心　现代图书馆重视信息服务，近几年来所建新馆都设有信息服务中心，采用计算机联机检索、光盘检索等，把最新的、最有价值、最有针对性的文献、情报等信息及时、主动地提供给读者，并开展咨询服务，指导读者获得所需的资料与目录等，极大地提高了图书馆借书部分的功能。

4.3.2 读者的借书流程

图书馆目录厅、借书处的设计与读者的借书流程有很大关系，而借书流程又与图书馆采取的管理模式密切相关。

在闭架管理的图书馆中，读者要借阅图书必须先到借书处。通过查阅馆藏目录卡片找出所需书刊的书号，填写借书单，交出纳台等候取出，然后才能带进阅览室或携出馆外。

采用开架管理的图书馆其借书程序比较简单，灵活性和自由度也较大。读者可以在检索目录卡片后，进入开架书库或开架阅览室选书，然后到出纳台办理借书手续，也可以直接到开架阅览室选书。有时候，有些读

者在查阅目录中遇到困难，或者为研究某一课题希望得到帮助，就需与咨询台联系，请其提供咨询服务。此外，归还图书也需到借书处来办理手续。

4.3.3　出纳检索空间的设置形式

目录厅与借书处（出纳台）是出纳检索空间的两个主要部分，一般布置在一起，方便读者查询和借书。也有的图书馆设置单独的目录厅。不管目录厅和出纳台是合设还是分设，都要符合前面提到的读者借书流线以及图书馆管理模式的特点。在小型图书馆，全馆只有一个借书处；在中型图书馆中，为了避免读者过分拥挤，提高借还书的效率，往往设立两个以上的借书处；在大型公共图书馆中，借书处往往按读者对象或书刊种类分设。如：把儿童借书处和成人借书处分开，将普通阅览和参考阅览借书处分开；流通频率较高的文艺书刊也常常单独设置出纳台。在高校图书馆中，学生借书的时间比较集中，往往是按学科分设借书处，把文科和理科分开，把期刊杂志和普通图书分开。采用开架管理的图书馆，在各个开架阅览室入口处分别设置各种小借书台，它可以与阅览室中的管理台合设在一起，读者可以直接在阅览室中办理借书手续，这样既方便了读者也提高了效率。

出纳、检索空间是读者流线、书刊流线、工作人员流线的交汇中心，在功能上它与书库，阅览室，采编室以及图书馆的入口都要有方便的联系。所以，一般在设计时常常将借书处布置在图书馆的中心位置，并靠近门厅。为方便读者到达，一般借书处都设置在图书馆的主层，小型图书馆的借书部分常设在底层，中、大型图书馆往往将二层作为主层，所以借书处也常常设在主层门厅附近的中心部位。

有些图书馆的设计把目录厅与出纳台设置在门厅后部，并做成开敞式的。这种做法既方便了读者的使用，也使出纳台的工作人员可以兼顾读者活动情况。但是，因为这种布置是开敞式的，无法关闭，因此下班的时候出纳台上的用品都要收拾存放，极不方便。所以，设计中最好做到既能开放又能关闭。

4.3.4　出纳台的设计要点

1) 出纳台可以根据图书馆的规模和管理形式等条件，采用集中设置或分散设置的形式。

2）中心（总）出纳台应毗邻基本书库设置。出纳台与基本书库之间的通道不应设置踏步；当高差不可避免时，应采用坡度不大于1∶8的坡道。

3）出纳台要根据图书馆的性质、人员编制以及借、还书读者较集中时的人数等条件，计算决定柜台的长度，保证具有足够长的工作面，以避免读者办理借还书手续时的拥挤。出纳台长度按每一工作岗位平均1.50m计算，出纳台宽度不应小于0.60m。出纳台的高度：外侧高度宜为1.10～1.20m，内侧高度应适合出纳工作的需要。

4）出纳台内要有足够的面积，《图书馆建筑设计规范》规定，出纳台内工作人员所占使用面积，每一工作岗位不应小于6m^2。工作区进深，当无水平传送设备时，不宜小于4.00m；当有水平传送设备时，应满足设备安装的技术需要。

出纳台外为读者活动范围，包括借书、还书、咨询、填写索书条、等候提书等活动，还需考虑新书推荐所占位置。由于每个出纳人员的服务能力按柜台长度计算只能为1.5m左右，即相当于每次接待三个读者同时索书、提书、办理借书手续。在借、还书高峰期间，特别是高校图书馆，读者使用时间较集中，故出纳台外也应有足够的空间。

5）出纳台布置的形状同管理方法和借书处的平面布置等因素有关。有的采用"一"字形，有的采用"门"形或"T"形，也有的采用"L"形。国外还有采用圆形或六角形、正方形等，如图4-19所示。

出纳台还有封闭式和开敞式两种方式。封闭式是将出纳台变为出纳室，用玻璃与目录厅隔开。它的优点是出纳处安静，利于图书保管，但与读者关系不够亲密，不利于通风。现在国内多数图书馆都采用开敞式，给读者以亲切之感。

4.3.5 目录厅的设计要点

(1) 目录卡与目录柜

目录的形式主要是卡片，它在世界各国图书馆已普遍采用，但自20世

图 4-19　出纳台实例

纪60年代中期，电子计算机开始在美国应用于图书馆业务以来，世界不少现代化图书馆已逐渐废除卡片，代之以机读目录，用计算机进行存贮和检索。这是目录检索的重大变革，也是图书馆发展的趋势，必然会影响借书部分设计。我国目前的图书馆正处在过渡阶段，各地发展也不平衡，每年出版物90%未经电子化处理，所以要完全停用卡片恐怕还需要一定的时间，我们必须根据我国目前的实际情况和未来发展趋势进行设计。我国目前图书馆设计应以计算机机读目录为发展方向，但要考虑两种形式并存。

目录室内的主要设备是存放卡片的目录柜，其大小根据卡片屉的组合变化而定。卡片、卡片屉和常用的普通单面目录柜的尺寸如（图4-20）所示。

(2) 目录柜的排列

目录室内目录柜的排列方式应以使用方便为原则，一般采用不靠墙的行列式布置，使读者查阅目录时尽量少走动。因此，要力求整齐，相互连接，容易找到后续部分，不宜嵌入墙或沿墙一顺摆开，这样不仅距离长，查阅不便，同时也不便于增添柜子或改变屉数，使卡片的变化和增加受到限制。

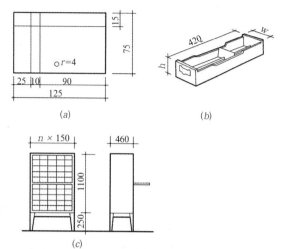

图4-20 卡片、目录屉和目录柜(单位：mm)
(a) 卡片；(b) 目录屉；(c) 目录柜

(3) 目录厅的面积

目录厅(图4-21)面积的确定，决定于图书馆的藏书数量及卡片数量。卡片的数量约为藏书书种总数的3～6倍。例如一个藏书200万册的图书馆，除去复本和丛书后，如果有20万种书，那么它的卡片数至少就是60万张。通常每个卡片屉装800张卡片，按此计算60万张卡片需装750个抽屉。为了查阅方便，目录柜每纵行如若不超5格，则需150纵行。按照标准目录柜的尺寸计算，它的净面积为12.4m²。排列这些目录柜时，柜与柜之间应留出充分的间距，以便读者穿行和摆放桌椅，还要留出一定的面积布置参考书架或咨询台，这些空间的大小通常是目录柜净面积的5～7倍。因此，整个目录厅的建筑面积应在12.4m²的基础上，增加62～87m²，这样，目录厅的面积应为75～100m²。

由上可知，目录厅面积的大小一般取决于卡片的数量，目录柜形式及排列方式。设计时可按每万张卡片所需要的面积来考虑。

如果目录厅和出纳台合并在一处，则借书部分的总面积应包括出纳台的工作面积、出纳台前的交通与等候面积和存放目录柜面积三者之和。如果目录厅采用计算机辅助机检目录，这一部分的面积另加。目录检索空间内采用计算机检索时，每台微机所占用的使用面积按2.00m²计算。计算机检索台的高度宜为0.78～0.80m。

图 4-21　目录厅实例

4.3.6　信息服务中心设计要点

1) 现代图书馆不仅收集、整理、分编信息供读者借阅,还采用计算机、多媒体设备、缩微设备以及 CD-ROM 等设备,把最新的、最有价值的及最有针对性的文献情报及时、主动地提供给读者,为读者提供各种信息服务。现代图书馆在原来情报咨询部的基础上成立了信息服务中心。

2) 信息服务中心的工作内容主要有收集、加工、整理、保存各种载体的情报信息;开展多种形式信息服务工作。由于信息服务中心的用户多,服务层次不同,为满足各方面要求,建筑设计时要考虑有足够的空间,一般要设置信息研究室、信息服务室、检索阅览室等等。不同性质、规模的图书馆以及所在地区的经济发展水平不同,信息服务中心的业务范围与服务水平也就不同。进行图书馆设计时,信息服务中心一定要结合各馆的实际情况和实际要求而定。

3) 信息服务中心要求对外服务方便,所以要靠近门厅设置。许多图书馆在读者入馆的位置安排了信息服务室(台),为读者提供信息咨询服务。我国图书馆已逐渐强调这方面的服务,使图书馆完善其信息情报中心的职能。

信息服务室可以设计成一个分隔开来的房间或厅,也可以设计成一个开放式的服务台,如图4-22所示。在规模不大的图书馆中,常采用信息服务台的形式。无论采用何种形式,均要求读者进馆后易看到,易通达。

由于信息服务台处理的信息量大,速度快,已远非人工及手工处理所能及。所以一般采用计算机及各种高密度的磁盘、光盘等大容量的信息载体,还要配备打印机及必要的电信设备,如电话、电传等,用以馆际互借、联机检索等,提高图书馆服务水平和质量。设计时这一部分要留有弱电接口,以便于使用上述设备。

信息服务室中还要留有读者的休息等候区,必要时还可以设置供读者使用的电脑终端。规模大的图书馆,在信息服务室中还有必要划分一些用于馆员与要求咨询者交谈的小室,因为有的咨询不可能在柜台简单地回答就能解决。

图4-22 信息服务台实例

4.4 行政、业务用房及技术设备用房设计

4.4.1 组成

图书馆的行政办公用房包括行政管理用的各种办公室和后勤总务用的各种库房维修间等。

图书馆业务用房包括采编、典藏、辅导、咨询、研究、信息处理、美工等用房。技术设备用房包括电子计算机、缩微、复印、装裱、维修等用房。

4.4.2 基本要求

(1) 采编工作用房

采编部门的工作(即图书的采购和编目)是每一个图书馆最基本的业务，也是图书馆内部业务中较为繁忙和重要的工作。采编部是图书馆开展业务工作的重要组成部分，它的主要职能是按照采购原则，确定收藏范围和收藏重点，通过订购、选购、交换、接收、征集、复制等途径采集文献资料，丰富馆藏。同时组织对文献的整理、标引、编目、加工，建立书目数据库，合理布局藏书，形成一个有序化的科学的藏书体系，并实施定向的传递。采编工作用房(图4-23)视图书馆的规模大小而定。较小的图书馆是将采购和编目两项工作合在一起进行。规模较大的图书馆则将二者分开。

采编工作用房的位置，在中小型图书馆中，一般以设在底层为宜。在大型公共图书馆中，因为采编工作量大，也可以单独设在一幢建筑物里，但要与书库(在全开架图书馆中要与开架阅览室)紧密联系，同时也要靠近目录厅。这样的布置方式便于书籍加工和入库等工作。如果这组房间不能够设置在底层时，则应将图书拆包、验收设在底层，但要有单独的对外出入口。其他房间也可设在二层或二层以上，但编目室最好设在主层。

传统图书馆采编部分的设计往往是按照采编流程，设置一个个分立的小房间。这种空间划分单调，功能固定，空间的互换性和功能区调整的灵活性较差，不适应于采编工作的发展与变化。现代图书馆设计时，可以将各个采编用房统一在一个开敞的大空间内，以灵活隔断或者家具分隔各个

办公空间，既可灵活地适应书籍的采编流程，又方便管理。但是要注意噪声控制，防止干扰。可以设置一些小房间把打字、复印等发出较大噪声的工序隔离开。

图4-23 采编工作用房实例

（2）典藏室

典藏室是掌握馆藏分布、调配、变动和统计全馆藏书数量的业务部门。小型图书馆可以采取与书库合并的办法，不单设典藏室。但大型图书馆都专设有典藏室。凡由编目加工完毕的图书全部送往典藏室，再由典藏室根据需要分配到各有关书库，或阅览室，或其他藏书地点。因此典藏室设计时应靠近采编区，并且与有关书库有较便捷而不受干扰的运输路线。

典藏室需要有办公、存放目录以及临时存放新书的空间，三者之间既可连通，也可以分隔设置。每个工作人员业务办公的使用面积不宜小于10m^2，最小房间也不宜小于10m^2。

（3）业务辅导用房

图书馆的业务辅导工作包括馆内各部分的业务学习、业务研究、学术活动，对外业务接待等工作，也包括公共图书馆对基层馆的业务辅导以及高校图书馆对系（所）资料（情报）室的业务指导等工作。应为其业务活动设置专用房间，工作人员使用面积每人不小于6m^2，业务资料编辑室工作人员每人不小于8m^2。公共图书馆的辅导工作应配备不小于15m^{2}的接待室。

（4）美工用房

美工用房主要用于宣传制作，它由工作间、材料库和洗手小间组成。它要求房间光线充足、空间宽敞，最好北向布置，同时要用水方便，应安装洗手盆和排水设施，并便于版面绘制和搬运。距展厅、陈列厅或者门厅等宣传空间要有便捷的交通联系。其使用面积不宜小于 $30m^2$，并另附设器材贮藏房间。

(5)计算机站(房、室)

图书馆的电子计算机系统具有采访、编目、借阅、检索、管理等多种功能，其使用已渗入图书馆的各个部门。根据这一工作专门化和空间分散性的特点，计算机用房(图4-24)在设计时采用集中和分散相结合的特点，即集中设置主机房，内置主机CPU系统，承担主数据库操作系统的功能。另外，在其他部门分散设置计算机终端，用以完成具体的功能。

1) 主机房的设计　在采用计算机系统的现代图书馆中，主机房既是全馆的数据中心、控制中心，又是全馆的服务中心。其位置应综合考虑，既要与其他各部门都有方便的交通联系，又要考虑CPU主机、服务器与各部门计算机终端能方便、安全、经济地联系。所以主机房如能位于全馆的中心，是比较合理的。

图4-24　计算机房实例

主机房不能简单地看作一个房间，而应有相应的辅助用房，如配电房、数据库、耗材、文件存放、通信设备及防火设备等房间。

主机房的内部空间设计要满足设备正常运转的工艺要求和设备运转所需的物理条件，如工作平面、周边设备、工作照明、反眩光、通风、温度、湿度等，甚至包括室内色彩、家具等都要周密考虑，以提供一个高效、舒适的工作空间。具体详见计算机房设计规范中的规定，这里不再赘述。

2) 计算机终端设计　国内新建图书馆的设计常常设置专门的电子计算机用房来安排主机设备，而对终端使用的空间往往考虑得较少。但图书馆计算机系统的功能主要依靠各部门的终端机完成，若终端设计考虑不够，维护不好，那么整个计算机系统将无法发挥其高效、自动化的作用，不能提供高质量的服务。图书馆设计一般依据终端使用功能的不同，采取终端工作站区的形式，进行电源空间计划布置。所谓"终端工作站"是指以主要使用功能相同的一台或几台终端设备为一组，按其需要划定区域，与其他活动空间采用轻质隔断分隔，并配备辅助设备和家具，以便于操作与维护。这些灵活布置的工作站，可按服务功能的不同，分为服务区站、工作区站和管理区站等三种类型。

（6）行政办公用房

行政办公用房是图书馆业务和行政的管理中心，既要与其他用房分隔开，以保持办公区的安静，还要有方便的联系，以利于联系读者和接待来访人员，利于与内部其他业务部门的联系。因此行政办公用房位置要适中，宜靠近业务用房，以联系方便，但不受读者人流的干扰，应具有单独的出入口。

行政办公室一般包括党政办公室，如书记室、馆长室以及行政办公室、人事部门、会计室、总务室和会议室等。这些房间在建筑上一般没有什么特殊要求，可按一般办公室设计，要满足自然采光和通风要求。房间面积大小可按每一工作人员 $4.5 \sim 10 m^2$ 设计，但整个房间不要小于 $12 m^2$。随着办公自动化系统的发展，图书馆的办公部分也采用计算机系统进行业务和行政管理。设计时应考虑计算机网络、通信接口和电源插座等条件。

4.5 公共空间设计

公共空间主要包括门厅、陈列室、报告厅、读者休息处、厕所、服务空间等。

4.5.1 门厅

图书馆的门厅（图4-25）是广大读者进出图书馆的必经之地，它是图书馆交通组织的重要一环。它除了分散人流外还兼有验证、咨询、收发、寄存、展示、监控、值班等多种功能。

门厅的设计首先应考虑其应与出纳空间、阅览空间、公共活动空间及行政办公空间都要有直接方便的联系，要把各种人流分开，避免相互交叉，互相干扰。一般将浏览性读者用房和公共活动用房（如报告厅、展览厅、陈列室等）靠近门厅布置，使大量人流出入方便，以免影响阅览室的安静。门厅内还要布置管理咨询台、接待处、寄存处等服务空间。

图 4-25 门厅实例

4.5.2 展览陈列空间

为了举办展览和各种宣传活动,各类图书馆根据规模和使用要求要分别设置各种展览、陈列空间。

一般中小型图书馆常把门厅、休息处、走廊兼作陈列空间,举办新书陈列、新书通报和图书评论等活动,但也要注意不能影响交通组织和安全疏散。在大型图书馆中常设置独立的展厅、陈列室。这些展览空间与门厅一般都有直接的联系,便于组织人流,更能发挥最佳的展示效果。

展示空间的设计要使其采光均匀,防止阳光直射和眩光。

4.5.3 报告厅

图书馆中常设置报告厅和多功能厅,为读者提供各种形式的交流活动。报告厅可以与主楼毗邻也可以独立设置,但座位超过300座时应与阅览区隔开,单独设置,单独设出入口及休息处、接待室和专用厕所。湖北大学图书馆(图4—26及图4—27)根据基地的环境和图书馆的功能需要将整个建筑分成两部分:三角形的主楼和椭圆形的报告厅,中间则由中庭相连。图书馆的主要人流由室外台阶引入二楼,报告厅在一层设单独的入口。主楼和报告厅的屋面由两个相似三角形取得了形体上的统一。

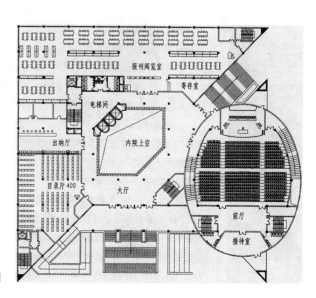

图4—26 湖北大学图书馆二层平面图

图4-27 湖北大学图书馆
(a) 外观透视；
(b) 室内透视；
(c) 鸟瞰

报告厅应满足幻灯、录像、电影、投影和扩音等使用功能的要求，厅堂应有良好的视线及音质。300座以下规模的报告厅，厅堂使用面积每个座位不应小于0.80m²。放映室的进深和面积应根据采用的机型来确定。报告厅如设有侧窗应设有效的遮光设施。

4.5.4　读者休息处及厕所

读者休息处可以使读者在长时间阅览之后有一个休息和与他人交流的场所,如图4-28所示。读者休息处可根据具体情况采用集中或分散的形式布置。规模较大的图书馆,读者休息处可以按照阅览区的性质分散布置,也可以按不同类型的读者分散布置。读者休息处的设置要靠近阅览空间,但不能影响阅览室的安静。读者休息处要设置一定数量的座位,最好提供饮水等服务设施。

读者使用的公共厕所设置时位置要隐蔽同时又要使用方便,注意通风。南京航空学院图书馆,厕所位置较好,设在上楼梯之后,转通道再右转外廊,右开门(向北)入厕,厕门对大开口的内院,不和其他房室连通,无干扰,其余地方无异味。

图4-28　读者休息处实例

5 室内环境与图书防护要求

　　阅览时,室内环境中合适的温度、湿度、新鲜的空气,充足的光线和不受周围的热和光的辐射与噪声的干扰,对人的心绪和感情均有不同程度的影响。同时,书籍的保存也需要一种特定的环境。

5.1 采光和照明

光线对于读者的阅读来说是至关重要的。光环境的好坏是衡量图书馆室内环境的重要标准之一。

图书馆的阅览空间和藏书空间应尽可能地采用自然采光为主,人工照明为辅。良好的自然采光条件,可以提高读者的阅读效率,保护视力,有益身体健康,同时更有利于节约能源,有利于持续发展。在建筑布局时应尽可能地使图书馆各部分有良好的朝向,创造良好的自然采光条件,尤其是阅览空间更应争取好的朝向。现代图书馆为了获得使用的灵活性,多采用大进深的块状布局,但这种形式使图书馆中部的采光条件较差。为了满足采光要求,可以在屋顶开设天窗,增加中部的光线。

美国菲尼克斯中央图书馆对自然光线的处理是一个很成功的例子(图5-1及图5-2),它以高科技的方式将自然光线的调控利用提高到了一个令人叹为观止的程度。在该图书馆的东西两侧,覆盖着弧形波纹状钢板,用以隔离美国西部强烈的阳光。南端阅览室采光玻璃表面则设计了无数格栅百叶窗,它们通过计算机根据阳光的强弱程度及方向进行着这一天中的灵活调控。北端阅览室采光玻璃表面安装的是呈一定角度排列的帆形织物,可以控制反射光线。同时,自然光线还通过建筑南、北两端的玻璃幕墙进入到顶层阅览室。顶层每个柱头顶端正上方的屋顶都开了一个圆形天窗,形成一束束柔和的顶光。如此复杂的采光设计,除了要获得自然光线外,更是要利用生动多变的自然光线创造一种宜人的气氛,使读者的情感需求得到更大的满足。

对于阅览空间除要求光线充足外,还要求照度均匀,并应避免眩光。有些图书馆采用大片玻璃幕墙,采光面积大大超过了采光照度的要求。大量出现了强光、反光,使读者无法阅读,只能添加窗帘。增加窗帘后,光照不均匀,还要以人工照明来补充,增加了大量不必要的开支。所以开窗的面积和形式都应慎重考虑,力求为读者创造一个良好的光环境。要想得到均匀的照度,办法有很多,其中有一种是增设采光搁板的方法:采光搁

图 5-1　美国菲尼克斯中央图书馆

图 5-2　美国菲尼克斯中央图书馆顶层阅览室

板是在侧窗上部安装一个或一组反射装置,使窗口附近的直射阳光经过一次或多次反射进入室内,以提高房间内部照度的采光系统。房间进深不大时,采光搁板的结构可以十分简单,仅是在窗户上部安装一个或一组反射面,使窗口附近的直射阳光,经过一次反射,到达房间内部的天花板,利用天花板的漫反射作用,使整个房间的照度和照度均匀度均有所提高,如图 5-3 所示。

图5-3 采光搁板的采光效果

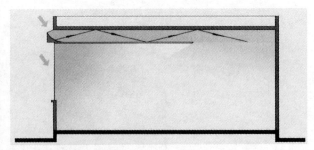
图5-4 采光搁板示意图

当房间进深较大时，采光搁板的结构就会变得复杂。在侧窗上部增加由反射板或棱镜组成的光收集装置，反射装置可做成内表面具有高反射比反射膜的传输管道。这一部分通常设在房间吊顶的内部，尺寸大小可与建筑结构、设备管线等相配合。为了提高房间内的照度均匀度，在靠近窗口的一段距离内，向下不设出口，而把光的出口设在房间内部，如图5-4所示，这样就不会使窗附近的照度进一步增加。配合侧窗，这种采光搁板能在一年中的大多数时间为进深小于9m的房间提供充足均匀的光照。

阳光中的紫外线对文献资料的危害性极大，所以天然采光的书库和阅览室应采用有效的遮阳措施防止日光直射，保护各种文献资料。主要的方法有：

1）增加百叶和格片；
2）采用空心玻璃砖；
3）采用扩散性玻璃；
4）增加窗帘；
5）调整采光窗朝向；
6）上层出挑；
7）采用绿或黄橙色玻璃。

图5-5及图5-6是中山大学图书馆，南侧采光窗前设有遮阳百叶，东

西两侧的采光窗调整成北向,很好地防止了阳光的直射。

图5-7是广东药学院图书馆,该图书馆采用增加竖向遮阳格板的方法来避免阳光的直射。

图5-5 中山大学图书馆南侧采光窗　　图5-6 中山大学图书馆东侧采光窗

图5-7 广东药学院图书馆竖向遮阳格板

图 5-8 及图 5-9 是华南理工大学图书馆，该图书馆采用上层出挑为下层提供遮阳的措施来避免阳光的直射。

图 5-8　华南理工大学图书馆

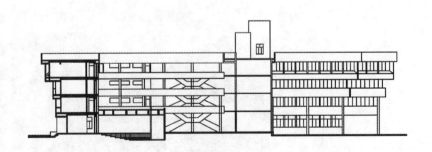

图 5-9　华南理工大学图书馆剖面图

5.2 通风和空调

良好的通风条件对于读者和馆员的身体健康是十分有利的，它可以带走室内有害的气体，保持空气的清新。清新的空气可以保证读者大脑血氧的供应。人在自然和谐的环境里会诱发出无限的创造思维能力，从而增加记忆效果，提高阅读质量。同时良好的通风也可以带走室内的潮气防止书籍发霉；它还可以带走室内多余的热量，防止因室内温度过高而引起的书籍翘曲枯裂现象。

从节能角度讲，现阶段我国的图书馆还是以自然通风为主。设计中应创造良好的自然通风条件，尽量采用双面开窗，形成穿堂风。

建筑良好的自然通风，需要在设计中对自然气流加以组织、疏导。图书馆的设计，从平面布局、空间形式、窗口位置、室内隔断、顶棚走势诸多方面都应注重组织气流，在不同季节，使建筑内都享有自然通风。

山东交通学院图书馆在建筑的自然通风方面作了很多有益的尝试，如图5-10～图5-13所示。该图书馆平面的中部，布置着计算机检索及目录大厅。这里是图书馆的核心空间。它被设计成一个中庭，成为组织整幢建筑气流，增强自然通风的关键。根据烟囱效应的排气原理，中庭空间层层向上收缩，在顶部成为一个条形天窗。天窗顶部连接着7个拔风口，拔风口像烟囱一样突出在屋面之上。沿着气流热运动的轨迹，室内不新鲜的空气从这里排出室外。同时，根据季节的不同，还组织新鲜空气从不同的通道进入室内。

在温度适宜的季节，建筑南侧咖啡厅下部带百叶的窗户打开，建筑北侧各层阅览室的窗户也打开，新鲜空气分别从南、北导入室内。大部分空气经阅览室进入中庭，从中庭拔风口排出室外。部分空气进咖啡厅后，经咖啡厅侧墙上的4个"烟囱"，从"烟囱"顶部的4个拔风口排出室外，形成自然通风。

在建筑的西侧和北侧，利用地下常年恒温的原理，设计了两条40m长的地下通道。通道顶部有2m厚的覆土。在寒冷的冬季，室外新鲜冷空气通过地道预热送入室内，以减少采暖的能耗。在炎热的夏季，南侧窗口关闭，北侧窗口开放，让新鲜空气进入。同时，两条地道也把被预冷的新鲜空气送入室内，以减少空调的能耗。夏季时，中庭和咖啡厅的拔风口全部开放，为排出热空气提供出口，加强自然通风。

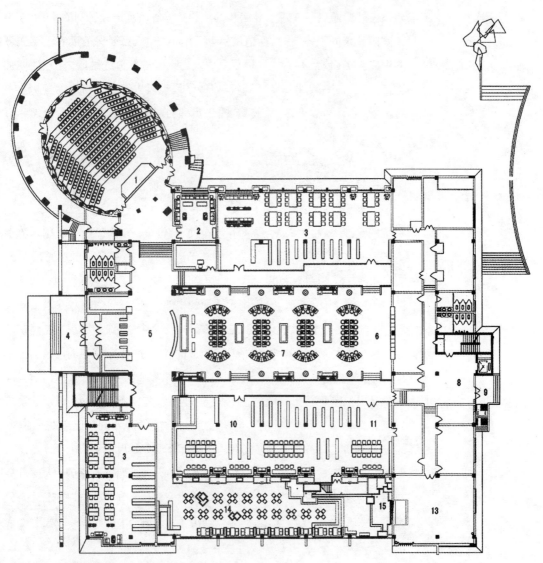

图5-10 山东交通学院图书馆一层平面图
1-报告厅；2-贵宾室；3-阅览室；4-主入口；5-门厅；6-出纳大厅；7-计算机检索大厅；8-侧门厅；9-次入口；10-期刊阅览；11-报刊阅览；12-阅览室；13-编目；14-咖啡厅；15-水池

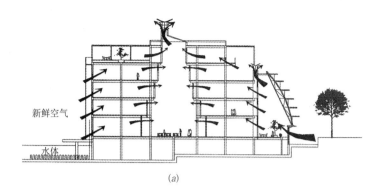

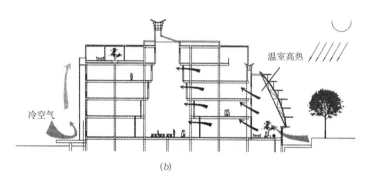

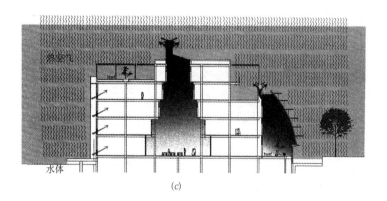

图 5-11 山东交通学院图书馆
通风示意图
(a) 舒适季节通风示意；
(b) 寒冷季节通风示意；
(c) 炎热季节通风示意

图5-12 山东交通学院图书馆顶部拔风口

图5-13 山东交通学院图书馆中庭空间

一些有特殊要求的书库和较大规模的图书馆还要采用空调来对空气的温度、湿度、洁净度等加以控制和调节。采用空调的图书馆在进行剖面设计时还要考虑空调管道对梁下净空的影响。空调设备应有专门的机房,其位置应远离阅览区。

当有采暖设施时,要加强围护结构的保温性能,以减少建筑物四周的传热量。

集中采暖时,热媒宜采用温度低于100℃的热水,管道及散热器应采取可靠措施,严禁渗漏。

5.3 噪声的控制

噪声的控制对于创造一个安静的阅读环境是至关重要的。图书馆的噪声主要来自馆外和馆内两方面,馆外的噪声指过往的车辆与行人等,馆内的噪声来自读者与职工的来回走动、说话以及馆内各种设备的启动、运行和搬动。图书馆选址时一定要选择合适的位置,尽量避开外部噪声的干扰。当图书馆处在一个比较喧闹的中心区时,可以采用一种闹中取静的方法,取得相对的安静。适当的平面布局对于隔绝室外噪声和防止内部噪声的干扰都起到很大的作用。当馆址附近有较大的区域噪声时,可以利用书库等不怕吵闹的房间来隔绝噪声,使阅览室等空间保持安静,这是一个有效的方法。在平面布局中,闹静分区要明确,以防止内部噪声的互相干扰,尤其要注意各种产生噪声的房间(如机房)要远离阅览区。

5.4 防火要求

书籍和其他信息载体都是易燃材料,一旦失火将造成很大损失。为了控制火灾,面积大的藏书空间要进行防火分隔,即利用楼板和防火墙分隔间。一旦发生火灾,防火门将自动关闭,把火情限制在隔间内。基本书库、非书资料库、藏阅合一的阅览空间防火分区最大允许建筑面积:当为单层时,不大于1500m^2;当为多层,建筑高度不超过24.00m时,不大于1000m^2;当高度超过24.00m时,不大于700m^2;地下室或半地下室的书库,不大于300m^2。当防火分区设有自动灭火系统时,其允许最大建筑面积可按上述规定增加1倍,当局部设置自动灭火系统时,增加面积可按该局部面积的1倍计算。

藏书量超过100万册的图书馆、建筑高度超过24.00m的书库和非书资料库,以及图书馆内的珍善本书库,应设置火灾自动报警系统。珍善本书库、特藏库应设气体等灭火系统。电子计算机房和不宜用水扑救的贵重设备用房宜设气体等灭火系统。其他具体防火要求可参见《图书馆建筑设计规范》(JGJ 38—99)。

6 家具与设备

6.1 家具

图书馆的家具是图书馆整体环境的重要组成部分。图书馆的家具首先要适用、舒适、尺度宜人。其次也要经济、美观。

为满足藏阅空间灵活性的要求,最好采用多功能的家具,以适应空间的可变性。

(1) 阅览桌椅

1) 普通阅览桌　目前,图书馆大多采用四人或六人用的双面桌(图6-1)。其优点是节省占地面积,便于移动,可根据需要拼起来使用。

阅览桌的长度取决于每边坐席数,阅览桌的宽度则依据阅读需要,而其高度要根据人均坐姿的高度来确定。

一般成年人阅览桌尺寸的大小参见表6-1。

成年人阅览桌尺寸　　　　表6-1

形　式	人　数	长　度(mm)	宽　度(mm)	高　度(mm)
单面	单　座	900~1200	600~800	780~800
	双　座	1400~1800	600~800	780~800
	3　座	2100~2700	1000~1400	780~800
双面	4座	1400~1800	1000~1400	780~800
	6座	2100~2700	1000~1400	780~800
方　桌	4座	1100	1100	780~800

图6-1　普通阅览桌

2) 斜面阅览桌　这种阅览桌适用于阅览画报和大型图册。

3) 阅报桌　阅报桌均为斜面,站式阅报桌有双面或单面固定式的,也有桌腿可以伸缩调节台面高度的双面阅报台。坐式阅报桌主要有两种,一是固定式双面或单面桌,一是专供查阅过期报纸的单面阅报桌,其一侧斜面可以调整坡度,另一侧面为平面,可供读者作摘记之用。

4) 研究桌　研究桌是一种带书架的阅览桌,有单人桌、单面双人桌和双面双人桌等三种。

有的阅览桌在侧面还加挡板,以防干扰视线(图6-2)。此外,还有一种十字形研究桌。

5) 研究厢　研究厢是专为从事研究的读者提供的不受外界干扰、带有隔声设施的小型阅览空间(图6-3)。

图6-2　研究桌

图6-3　研究厢

6) 椅子　阅览室的椅子应当舒适稳定、结实轻便、适于挪动。椅子尺寸(高度以460mm为宜)和形状须适应读者阅览的要求,有利于减轻疲劳,增加舒适感。普通阅览室宜选用不带扶手的椅子,以便不用时可推进桌下。椅腿脚下要有橡皮垫,以免挪动时产生噪声。

(2) 书架

1) 钢书架　钢书架坚固耐用、构造灵便、节省空间、容书量大、美观整洁、利于防蛀,比较适用,很多新建图书馆都选用它,如图6-4所示。

2) 木书架　书架用木质材料制作,它轻巧、方便、美观,占用空间较少,但木材用量大,耐久性差,不利防火、防蛀、防腐。一般只能用在层架书库,不适用于堆架式书库。但是,由于木书架搬运方便,所以在开架阅览室里的书架、期刊架、展出式书架仍多采用木书架或钢木混合书架。而在木材盛产地,采用此种书架比较经济,也有一定的现实性。

3) 密集书架　在通常书库里,真正可供存书的有效面积不足30%,其余70%以上大量面积均被通道、夹道和扶梯等所占。为了提高有效面积的比例,压缩交通面积,在设计时也可采用密集书架。密集书架就是把许多特制书架紧密地排列在一起,只留出供找书的通道,不再是一排书架一条走道;需要提取中间书架上的书籍时,就用手动或电动将书架拉开,取书以后,再恢复原位,如图6-5所示。

密集书架有旋转、抽拉和平行移动等形式,其中以平行移动使用较多。

4) 特藏书架　图书馆特藏是指一般图书、杂志、报纸以外的其他收藏资料,例如珍善本、缩微读物、特大资料、字画卷轴、地图、相片、影片、唱片、录音磁带,甚至立体地图和拓片等。这些特藏品有两种收藏办法:一种是利用标准薄壁钢柱书架的立柱,针对各种特藏品的特点,做成特殊的搁板或书斗进行贮藏,不论是什么样的资料总可以利用标准书架整齐地收藏起来,并且还可以调整位置,这就是所谓"图书一元化收藏法";另一种就是制成一些特藏书架,如报纸架、卷轴架或特别的存藏柜等,如图6-6所示。

图 6-4　七层开式双面钢书架
尺寸：2150mm(高) × 450mm(宽)

图 6-5　密集书架

(a)

(b)

图 6-6　特藏书架实例
(a) 光盘架；(b) 磁带架

(3)陈列家具

图书陈列家具是为宣传、推荐新书、新刊或文献资料进行陈列或展览而制作的专用家具,如图6-7所示。

图6-7 陈列家具实例

6.2 传送设备

我国目前在过渡时期的图书馆中,传统的纸型印刷资料仍占很大比例,为解决这部分图书资料在馆内的调度问题,提高服务工作效率,减轻劳动强度,节省读者借还图书时间,在建设图书馆时,有必要考虑采用适当的机械化、自动化传送设备。

图书馆的机械化传送设备主要用于图书馆资料进馆后,从验收、分编、典藏、入库、上架、外借,直到还书归架,这一传送活动过程中的水平和垂直方面的运输。

图书馆采用机械传送设备应根据图书馆的性质、任务、规模以及需要等实际情况来确定。

小型图书馆的传送设备,主要是在书库内合理设置楼梯、书梯等垂直运输设备,再辅之以各种运输设备及各种运书小车,以车代步解决水平运输问题。

大、中型图书馆,由于书库面积大,常采用多层乃至高层书库。因此,除了合理设置各种管道、楼梯、电梯等必要的水平和垂直交通外,还要设置传送书条和图书的机械化传送设备。

图书传送设备,常有下列几种形式。

(1) 水平传送设备

水平传送设备是书库内部或从书库中心站到出纳台这段水平距离的传送工具。水平方向的机械化传送带多是仿照工厂机械运输线制成的,但要求精细、轻巧、噪声低和震动小。最常见的水平运书设备,有以下几种。

1) 电动书车　电动机牵引微型书电动机、微型书车自带电动机、以蓄电瓶为动力的驱动书车。

选用电动书车传送设备时,必须保证各处地面标高一致,以利于书车运行。

2) 悬吊式传送设备　悬吊式书斗传送设备是利用书库流通层与出纳台之间的上部空间作为水平传送路线。它的优点是不占地面,不影响室内交通。悬挂式传送设备，一般是由悬挂书斗、悬挂导轨和电动机几部分组成。

3）传送带式运送设备 它是一种连续、循环式的传送图书设备，如图6-8所示。最常用的水平传送带的形式有"L"形、"十"字形和椭圆形等几种，也可根据使用要求来选用空间传送方式或地面传送方式。空间传送方式要求传送带距地面不低于1800mm。地面传送方式则要求传送带高出地面600mm，以方便工作人员取送图书。传送带的平面线路最好布置在墙内或紧靠墙面，以不妨碍库内交通。

传送带式的图书传送设备不仅可以用来水平传送图书，也可以经过改装用书斗来进行立体传送图书。

4）运书小车 运书小车可以成批地集中运送图书，如运送已编目完毕的入库上架图书，或者读者归还的图书等。现代图书馆采用的灵活性的空间，解决了同层平层问题，运书小车因其灵活方便，对建筑空间无特殊限定，也没有其他附属设备，被越来越多地采用。另外，随着书库变闭架为开架，读者入库选书的机会增多，也就减少或取消跑库取书这道工序。因此，在有些图书馆中，使用运书小车便足以满足需要。设计中，对其他平面运输设备可不考虑。

(2) 垂直传送设备

垂直传送设备是多层图书馆或多层书库必需的运输工具。它包括电梯、书梯、升降机等，其中升降机是最常用的垂直传送设备。

此外，还有提升书斗和溜槽等运输设备。国内多采用提升书斗来传送图书，设计时要选好井道位置。国外图书馆还有用螺旋形溜槽式垂直传送图书。它的构造也很简单，主要是由弯曲的塑料板材制成，其边槽由两条螺旋线组成，内螺线是自然的弯曲光

图6-8 传送带式运送设备

滑边界,外螺线是一条切割线,利用图书本身的自重向下滑行。

(3) 混合式传送设备

混合式传送设备就是把水平传送和垂直传送两者连接起来传送图书。这种传送设备便于任何一层楼上的图书直接传送到指定位置,从而减少中间环节,提高传送图书的速度,节省读者候书时间。

混合式传送设备有几种形式,一种是轨道式(图6-9),书斗随着轨道上升或下降,将书从库内连续运送到出纳台。另一种是链条式传送机,耙形书斗挂在一条环形的铁链上,随着铁链的转动,书斗上升或下降,源源不断地将图书从库内运送到出纳台。

(4) 自动化传送设备

近年来,国外某些图书馆已发展到使用全自动化的机械手取书和传送图书的阶段。这种全自动化取书的传送设备,是利用电子计算机通过控制台发出指令,把需要的图书从书架上取出,并快速传送到出纳台,就可及时把书送到读者手里。由于它取还书、传送图书都由自动化机械手操作,不需要人去直接上架取书,因此书架的高度可以大大地加高,一般可以达到7m左右。书架之间的间距也可以适当缩小,一般600mm就足够了。这样便可以充分利用书库的有效空间,提高了书库的贮存能力。

图6-9 轨道式传送设备

6.3 计算机及网络技术的应用

计算机网络技术的发展造就了1990年以后图书馆的最主要变化。人们普遍开始关注如何才能创造新的图书馆模式以适应计算机技术的问题。在这个问题上，美国伊利诺伊大学格兰吉工程图书馆馆长克拉克、孟菲斯大学图书馆馆长普尔西奥、英国卢顿大学信息中心顾问沃利可以说是异口同声：计算机技术的发展对图书馆的发展产生深刻的影响。"图书馆"这一概念将存在下去，但它的形式将发生巨大的变化。

计算机技术的进步对图书馆模式的影响，首先体现在对读者的服务上。这种服务方式的进步表现在两个方面：第一，计算机可以使读者尽量少到图书馆来。传统的服务方式要求读者在阅览室座位上获取信息，而计算机网络技术，特别是远程网络技术的成熟，使以获取信息为目的之人的物理运动失去了必要性。越来越多的人可以坐在家中，通过客户端软件获得所需的知识。美国耶鲁大学图书馆的特雷纳女士在谈到他们正在为更多的教授提供家中的信息服务，并使后者一个月只需来一次图书馆时，其兴奋的表情可以用眉飞色舞来形容。第二，计算机扩展了读者在阅览室内的活动。在传统的阅览室中，读者主要是阅读书本和记录笔记，而在新式阅览室中，读者可以通过家具上的计算机接口顺利地使用自己的便携机，在阅读的同时进行更多的工作。最有意思的是，这种接口不仅提供便携机的电源，而且还提供网络的信息端口，把网络服务一直连通到读者的阅览桌上。因而，这种接口的数量似乎已成为一座新图书馆的重要技术指标。

计算机技术对图书馆的影响的另一方面体现在它的主要藏品——书籍——地位的动摇上。多少个世纪以来，书籍作为信息的最主要载体和最主要的传播手段，一直是人类生活的重要组成部分，传统意义上的图书馆实际上也就是书的中心。而进入20世纪后半叶以来，信息技术突飞猛进，在信息载体方面，出现了只读光盘(CD-ROM)技术，在信息传播方面，则出现了计算机网络技术。只读光盘作为新的信息载体，具有容量大、处理速度快、标准化程度高等传统书籍无法比拟的优点，因而地位在不断上升。

人们已经可以随处买到从百科全书到语言教学等各种内容的只读光盘，孩子们也能从光盘中获得过去他们的父母从书本里获得的知识。

作为传播知识的新手段的计算机网络更是得到了惊人的发展，网络传输速率几乎每5年增大10倍：在20世纪80年代中期，人们还在着迷于以太网的10Mbps的传输速率；而到20世纪80年代末，光纤数据分布接口这一新的网络技术已使传输速率达到了100Mbps；进入20世纪90年代后，同步数字系列网的出现又使传输速率提高了10倍，达到了1Gbps以上；开始于20世纪90年代初的全美信息高速公路计划把远程传输速率定在2.4Gbps，也就是说，不仅容量相当于成千上万册书的文字信息现在可以在计算机之间瞬间传递，而且声音和图像这种过去必须依靠模拟手段传送的信息现在也可与文字信息一起及时传送了。信息技术的发展使人们不再把图书馆理解为狭义的书的中心，而是把图书馆作为广义的信息的中心，图书馆与出版物的联系似乎不像以前那么密切了。许多新图书馆干脆在其馆名后面添上"信息中心"，以强调信息时代的特点，甚至一些实验性的"无纸图书馆"也已经出现并提供了可靠的服务。尽管如此，说书籍会迅速退出历史舞台恐怕还是没有说服力的：有谁会在享受睡前的阅读乐趣时，躺在床上抱着一台3kg重的笔记本电脑而不是一本书呢？

7 图书馆的造型设计

7.1 功能

无论是古代,还是在现代,人们总是把书看作是神圣的东西,而把存放书的建筑看作是神圣的殿堂加以点缀和美化。

美国图书馆宣言中指出:图书馆是心灵的圣地。图书馆是令人肃然起敬的地方。人们到图书馆并不一定要看什么特定的资料,而是去感受一下这种气氛,正如教堂。

几千年来,不管图书馆的性质和功能发生了多么大的变化,丝毫都没有影响人们对图书馆的看法:图书馆应该是一个标志性的文化建筑。古代的藏书楼也好,现代的图书馆也好,犹如一部部永恒的作品,刻写着不同时代、不同地区的文明轨迹。

建筑设计基本上都要遵循一定的原则,图书馆的造型设计亦不例外。路易斯·康(Louis Kahn)认为设计是设计者对于设计对象应具形式的了解和揭示过程。那么图书馆应该具备什么样的造型呢?如何对其进行了解和揭示?

在这里我们不是要重提路易·亨利·沙利文(Louis Henry Sullivan)的"形式追随功能",我们提到的功能不仅仅是建筑的物质使用功能,而是涵盖了建筑的社会责任、技术合理性以及艺术价值。

(1) 关于艺术性与实验性

被誉为一座城市的象征,而且是整个国家和整个大洋洲的代表的悉尼歌剧院,虽然最初预算700万美元,总造价达到1.2亿美元;虽然有人认为内部音响效果并不十分完美,甚至有些音乐家对其内部感到痛苦不堪,认为音效差到极点,后台空间也小得不成样子,但是悉尼歌剧院让悉尼举世闻名,它带来的旅游、经济和文化效应,是难以用精确的数字来计算的。所以我们认为悉尼歌剧院是遵循了宏观的功能原则。其最主要的功能已经由原本的歌剧院升华了。

彼得·埃森曼(Peter Eisenman)将建筑设计作为学术研究的过程,他希望赋予建筑以使命感和社会意义,他强调建筑是一个过程而非结果。埃森曼曾谈到"我的每个作品都在非常狂热地探求什么是建筑;建筑与社会是什么样的关系;建筑象征着什么以及建筑功能是什么,因为这些问题都是建筑应该解决的问题。很多设计建筑的人假定对建筑非常了解,因此就存在了现有的建筑语言。但建筑的语言是连续的,那么建筑要发展——帕拉迪奥(Palladio)的建筑,并不比勒·柯布西耶(Le Corbusier)的建筑差,它们只是不同而已。"

对于先锋设计师不能用常规的标准来衡量。埃森曼做的建筑设计,探讨的并不是具体的建筑问题,而是借题发挥,通过具体的建筑探求建筑艺术的新规律。他的实验性与探索性的作品,可能会对未来起到引领作用,就像当年密斯·凡·德·罗(Mies Van der Rohe)设计的范斯沃斯住宅——这个严重超出预算的钢与玻璃的全透明盒子使密斯与房子的女主人吵到了法庭(在被告席上的密斯为自己的想法尽力辩解)。在座的听众都被他那口若悬河的精辟论述所感染:"……当我们徘徊于古老传统时,我们将永远不能超出那古老的框子,特别是我们物质高度发展和城市繁荣的今天,就会对房子有较高的要求,特别是空间的结构和用材的选择。第一个要求就是把建筑物的功能作为建筑物设计的出发点,空间内部的开放和灵活,这对现代人工作学习和生活就会变得非常的重要……这座房子有如此多的缺点,我只能说声对不起了,愿承担一切损失。"众人被他诚实的态度感动了,结果在最后的时刻发生了戏剧性的转变,女医生主动撤回了起诉。但今天钢框架与玻璃已成为建筑中最常用的材料之一,被 SOM、KPF 这样的商业设计公司演绎得炉火纯青。

"实验"一词在《现代汉语词典》中的解释是:为了检验某种科学理论或假设而进行某种操作或从事某种活动。实验性的设计必须有固存的理论基础与实践水准,而不是忽视建筑使用功能要求的借口。

(2) 侧重与均衡

我们在设计一座图书馆的时候,要先确定其主要功能,或者说是先确定其功能的主要方面。许多人过分强调图书馆的文化性、艺术性,开口闭口形象工程、标志性建筑。试想,澳大利亚到处都是悉尼歌剧院,将会多么可怕。关肇邺教授曾说过:"假如每个建筑师、每个花钱的人都有这个观念:不求标志性,服从整体,遵守规划,就是我们城市的幸事。"建筑的艺术性并不是附加于建筑之外的,而是贯穿于建筑设计的解决问题的过程之中。美国当代建筑史家弗莱姆普敦(Frampton)将"tectonic"一词定义为"诗意的建造"。这个定义清楚地表明了"tectonic"实际上是对建筑的技术问题的贯穿着审美精神的解决方案。同样道理,对这个解释前面的定语推而广之,那么,"诗意"地处理建筑功能的结果是富于创意和感染力的建筑空间,"诗意"地解决问题的结果就是成功而优秀的建筑作品。

建筑设计工作既是一种创作,也是一种服务。作为创作,建筑学自身存在着自己的评判标准和价值观念,存在着自己不断更新和发展的需要,不断地制造着时尚的观念和思想并不可避免地受到自己和同行们制造的时尚的观念和思想的影响。而另一方面,作为服务,建筑师工作的目的是满足甲方(设计任务书)的要求,提供让甲方满意的设计成果。一些建筑师常通过刻意突出与甲方的对立以表现自己的"清高"或"艺术家"的姿态,这种情况下结果必然会是失败的。失败对建筑师来说就是最终设计成果停留于纸面,保留着作为建筑方案而不是建筑作品的不完整的价值。

路易斯·康指出:"家是住宅加上它的占有者,家随不同的占有者而不同。"忽视了占有者的感受,我们设计的住宅就难以成为美好家庭的一部分。图书馆的设计也是一样。如果设计者不顾使用功能的需要,一味地追求艺术效果或意图主要在于使他的作品成为独创性的或"非同寻常的"(除非以一种风趣的方式),那这样的作品几乎不可能是伟大的。真正的设计者的主要目标是使作品尽善尽美。独创性是一种神赐的恩物,像天真一样,可不是愿意要就会有的,也不是去追求就能获得的。一味追求独创或非同寻常,想表现自己的个性,就必定影响作品的所谓"完整性"。在一件杰作中,设计者并不想把他个人的小小抱负强加于作品,而是利用这些抱负为他的作品服务。这样,他这个人就能通过与其作品的相互作用而有所长进。通过一种反馈,他可能获得成为一位建筑师所需的技艺和其他能力。

建筑是生活的凝固体,承担并且引导着人们的行为。建筑及其功能空间根据功能类型的不同需要有各种各样不同的氛围。如教堂需要神圣崇高的氛围,中庭空间需要灿烂明快,休息空间需要宁静亲切,娱乐空间需要

彩图 7-1 埃克斯特学院图书馆

活泼激奋,每一种空间氛围都会使身处其中的人们受到感染。路易斯·康在解释他的埃克斯特学院图书馆(彩图 7-1)设计时,说道:"……透过洞口可见藏书,给图书馆铺垫了一层十分亲切的气氛。……读者在各个部位都能看到书。这座建筑以书为请束。""(建筑物)看上去简洁优雅,没有什么装饰的东西,因为我不曾考虑过要什么装饰。在希腊神庙中,并非其肃穆,而是其纯净,打动了我。大英博物馆的大阅览室曾很好地为卡尔·马克思服务过,因为他有杰出的集中注意的能力。一个大阅览室,实在只能用于浏览书刊,用于决定读哪本书,再就是,男孩子会会女孩子。"

1964 年,肯尼迪家族为了替已故总统肯尼迪设计一座纪念性图书馆,来找尚不出名的贝聿铭。深思之后,贝聿铭决定设计一个真正的,能激发人们内心思念并能进行深层反思的建筑空间,而不是一座具体的建筑物。几个月后,在波士顿海滨出现了这样一座建筑:高大的白色混凝土三角形像一把"刀"似的插在一个四方的灰色玻璃盒上,仿佛一座雪白的、奇异的灯塔。强烈色彩、质地和明暗的对比,奇特的造型,一下子引起了人们的注意。进入图书馆大门,参观者自然地被引导着穿过剧院和展览厅,进入一个玻璃顶覆盖的大厅里,除了一面美国国旗和镌刻在墙上的肯尼迪总统就职宣誓誓词之外就空无一物的穹形空间,人们的目光被引向天空、引向大海,感受内心体验,追忆往事,人们可以感到总统的存在而纪念他,而不是因为看到总统的雕像和照片才纪念——这正是这个纪念性图书馆立意构思的关键,也正是贝先生设计的匠心独运之所在,如彩图 7-2 所示。

彩图7-2 肯尼迪图书馆

埃克斯特学院图书馆作为学校图书馆，来这里的大多数人的目的就是读书，所以康为学生们设计的图书馆宛如朴实无华的母亲无微不至地呵护着她的婴儿；而肯尼迪图书馆的纪念性是其最为主要的存在价值。正是因为两位大师很好地把握住了设计对象的主要功能，才使得这两座建筑名垂青史。

当艺术与使用、创作与服务、个性与需求在某些方面存在很尖锐的矛盾的时候，应该如何来处理呢？任何思想、观点及方法若明显地属于"状态一"或"状态二"时，都是一种偏向，正如古语所云："过犹不及"。只有处于"状态三"时，才能够达到保持中正，恰到好处。《易经》的"时中"思想，儒家的"中庸"之道，老子之"守中"，佛教之"中道"，黑格尔的"正、反、合"，以及马克思主义经典著作中的"中介"概念与"同一观"和毛泽东分析问题时所主张的"一分为二"的观点，无不包含有防止两个极端、保持一个不偏不倚的"适中"态度的意思。科学地研究分析设计对象，推理判断矛盾各方所具重要性的份额，从而进行合理的资源分配，达到对立统一的巧妙结合。建筑设计工作的双重性决定了建筑师角色的双重性。建筑师既是创作者，也是服务者。建筑师库哈斯说："建筑是全能和无能的混合物，表面上建筑师创造着世界，但要将其构想付诸实施又必须引起业主的兴趣。"每一个建筑创作的成果都是建筑师在两种角色之间妥协的结果。妥协的结果可能是互相削弱，也可能是两者的统一。成功的建筑师追求的是后者。

7.2 环境

同任何一座建筑一样,图书馆的造型设计必须考虑环境因素。这些因素包括物质环境因素（气候、地形、地貌等等）和人文环境因素（政治、经济、文化、民族等等）。虽然物质因素与人文因素常常是联系在一起的——如地理不同形成的经济和文化差异——但在这里,我们暂且把二者对建筑设计的影响分开来讨论,以利于问题的明晰化(本节以下未特殊指明的环境,均指物质环境)。

主要的物质环境包括基地的气候、地形、地貌、植被、建筑、交通等等。

气候条件在很多方面会约束建筑师进行造型设计的自由度。

有些设计者为了追求建筑的视觉效果,在做严寒、寒冷地区的建筑设计时,把主要的交通空间设置成开敞的楼梯间和外廊或室外庭院。在这样的建筑中,糟糕的天气会严重影响室外部分的使用效果。而《民用建筑设计通则》第5.2.1条规定:"……五、严寒、寒冷地区不应设置开敞的楼梯间和外廊。出入口宜设门斗或其他防寒措施;……"。沈阳建筑大学的图书馆(彩图7-3)通过室内连廊同教学区连接起来,不仅使得图书馆从外观上同教学区成为一体,也为同学们在天气恶劣时去图书馆提供了方便。

在炎热地区和季节,太阳辐射强度和室外空气温度都非常高,通过建筑围护结构的传导的热和通过窗户的辐射的热在建筑的热中占有相当重的比例,因此,通过适当的遮阳措施,降低太阳对建筑的热辐射量,对于降低建筑空调负荷具有重要作用。对建筑的遮阳可以分为两个部分,一是对建筑外墙、屋顶的遮阳,一是对窗户的遮阳。对建筑外墙和屋顶采用的遮阳措施主要是依靠栽种植被。对窗户的遮阳采用的遮阳措施主要是设置遮阳板。遮阳板能够使建筑具有强烈的结构感,并且能够用来调节由于建筑的功能布局所形成的建筑外观上比例、尺度、虚实关系上的不和谐。中国科学院图书馆(彩图7-4)面向北四环的一面是建筑的南立面,竖向长窗和遮阳板将来自南向的阳光分解,成为有组织的光和影,按照建筑师的吩咐雕刻着建筑,随着一天当中不同的时间变换着刀法。

彩图7-3　沈阳建筑大学图书馆

彩图7-4　中国科学院图书馆

彩图7-5 剑桥大学历史系馆阅览室

图书馆室内的光线需要充足柔和、避免眩光，在建筑中不加控制地大面积使用玻璃幕墙，不仅能耗大，而且容易产生眩光，对于夏季的西晒、冬季的保温问题也比较难于解决。曾经在建筑界引起轰动，使詹姆斯·斯特林（James Stirling）名声更加显赫的英国剑桥大学历史系馆阅览室（彩图7-5），据说因其玻璃幕墙面积过大（或许还有其他原因），室内阅览环境"冬冷夏热"，条件恶劣而不敷使用，从而被列入拆除的建筑名单。

而为了获得建筑的雕塑感，在造型设计中使用大面积的无窗实墙，也会使室内光线过于昏暗，甚至形成黑房间，从而不得不依赖于人工照明。所以，对于外墙是否开窗、开多大的窗，设计者应该综合考虑各方面的因素。路易斯·康在论坛回顾印刷厂的设计中，采用了大尺寸高窗和窄条形低窗，从而经济有效地为文字、印刷工作提供了光线均匀、照度明亮的空间。此类窗户被人们称为"康式窗户"（Kahn's Window）。

恰当地利用地形、地貌、植被等这些因素，可以帮助我们塑造出优美的图书馆建筑形体。例如王澍设计的苏州大学文正学院图书馆（彩图7-6），基地北面靠山，山上全部竹林，南面临水，一座由废砖厂变成的湖泊，全为坡地，按照造园传统，建筑在"山水"之间最不应突出，这座图书馆将近一半的体积处理成半地下，从北面看，3层的建筑只有2层。矩形主体建筑既是飘在水上的，也是沿南北方向穿越的，这个方向是炎热夏季的主导风向。

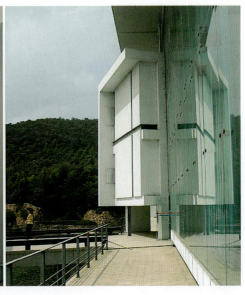

彩图7-6　苏州大学文正学院图书馆

图书馆的自身特点使得大多较具规模的图书馆都建设在城市（镇）里，乡村之中通常只有一些小规模的图书馆或图书室。不论是公共图书馆、专业图书馆还是学校图书馆，所处的基地周围的建筑通常都会形成很浓的文化氛围。所以，进行图书馆设计时，基地周围的建筑是进行造型时经常要考虑的重要因素。

国外大多数著名大学的图书馆在建筑艺术上的一个共同特点是对学校传统的重视。大学图书馆建筑首先是属于某个特定的校园环境，这一点已成为人们的共识。而任何一所真正好大学都是建立在浓厚的传统根基之上的，这一点也为人们所公认。各名校都把维护校园的统一面貌、保持学校建筑的传统风格看成是非常重要的事情。每个学校主管基建的部门均对本校新建筑的形式负有责任，它们大多对新建筑如何适应现有校园环境提出简单而又强硬的要求。一个典型的例子是孟菲斯大学。虽然该校负责校园规划的建筑师波蒂特在谈到他的工作时近乎轻描淡写："我所作的非常简单。我把设计师叫来，对他说：'您可以随心所欲，除了您设计的房子外表必须使用红砖和石灰石以外'。"校园内所有建筑均由红砖和白石料建造，朴实亲切，与遍地的鲜花绿树相映成趣。校园内的最新建筑，1994年秋天落成的麦克沃特图书馆，也继承了这一传统，默默地为孟大校园增添了一丝温馨的色彩。

杜伊图书馆新馆工程是加利福尼亚大学伯克利分校的主图书馆改造工程的一部分。该校的主图书馆部分由杜伊图书馆和莫菲特图书馆组成。旧金山E2HDD建筑师事务所为改造工程所作的设计包括一个地下图书馆即杜伊新馆，以及地面上由杜伊老馆和莫菲特馆围合成的大片绿地。新馆设计在地下，一方面利用杜伊老馆地坪与莫菲特馆地坪之间近两层的高差，取得了与莫菲特馆的有效联系，使主馆部分成为一个整体；另一方面则使地面留出大量的绿地，以后将成为伯克利校园内最大的公共活动场地，这是对学校师生一个不小的贡献。新馆地面部分的外形处理也是别具匠心，设计者把老馆的大台阶向绿地方向平移，使新馆的四个采光天窗正好落在其上，采光天窗被作成传统的形式，并在护墙使用掺花岗石屑的混凝土来模仿老馆的面材，使之非常自然地成为了老馆立面的一部分，同时也丰富了绿地朝向老馆一侧的边界线。这些周到的设计充分展示了建筑师在外形设计上对环境的重视。

清华大学图书馆新馆(彩图7-7)在风格上保持了清华原有建筑的特色,富于历史的延续性但又不拘泥于固有的建筑形式而透出一派时代的气息,成为清华园里以大礼堂为中心的建筑群中和谐而有生气的一员,令人感到亲切而不陌生。新馆设计充分遵循"尊重历史,尊重环境"的原则,在体现时代精神和建筑个性的同时,努力使建筑与周围环境和谐统一、相互呼应、浑然一体,在空间、尺度、色彩和风格上保持了清华园原有的建

彩图7-7 清华大学图书馆新馆

筑特色,红砖墙、坡瓦顶、拱门窗,精雕细刻,朴实无华,富于历史的延续性,但又不拘于原有建筑形式而透出一派时代气息。

有的建筑师在设计中考虑周围环境因素时,则是从另外的角度来考虑问题。例如彼得·埃森曼设计俄亥俄韦克斯纳视觉艺术中心(彩图7-8)时,参照两套互成12.25°夹角的平面网格,一套是传统的哥伦布城市网格,另一套是大学的校园网格。埃森曼通过一条红线强调了城市网格

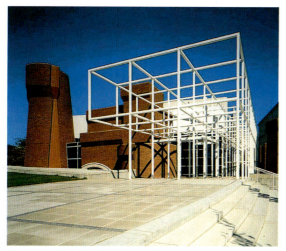

彩图7-8 俄亥俄韦克斯纳视觉艺术中心

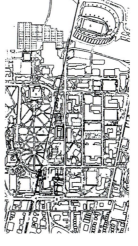

图7-9 俄亥俄韦克斯纳视觉艺术中心总图
1—"中心";2—红线;3—15大街;4—大学东门;5—椭圆广场;6—大学运动场;7—三角地;8—高街;9—大图书馆

的影响力度;它标志着城市开发的勘测网,同时恰好从地面上呼应进入哥伦布市的航线,从而体现了城市生活的原动力和活力;它与大学生真正的活动中心——运动场的底边平行,体现校园真正的自由竞争精神;红线上的步行道与金属构架下另一条步行道的相交处,是"中心"的主入口,象征城市生活和校园生活的互相渗透以及"中心"的开放性……。同时埃森曼还表示了对校园网格的尊重:广场东端抬起的斜面是"中心"电影教室因地下岩层抬出地面的屋顶,这个偶然因素被用来呼应广场西端的大图书馆,并通过几级凹进的台阶,体现椭圆长轴重要性。其东面的一块三角地,通过树木的排列方向图解了两套网格的重叠,并引导出长袖和红线两个视觉走向,这片树林同时也缓和了长袖和高街间冲突的关系。校园网格作为一种控制力量决定了"中心"西、北两面的外轮廓和植物台基的布局。金属构架插入两幢已有建筑,既意味着建筑过程的非开始和非终结,有主宰着整个"中心"的运动趋势,并将两幢已有建筑拉入"中心"充当重要的角色。埃森曼以新老建筑组成一个互相关联的艺术综合体,从而使"中心"不只是校园中的一个孤立景点,如图7-9所示。

与环境的协调也可以采用对比的方法,达到与环境和谐统一、相映生

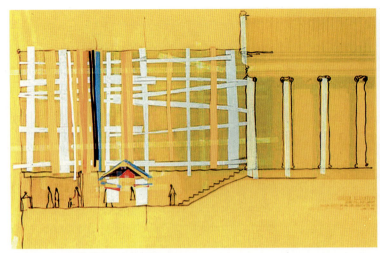

彩图 7-10　马特学院图书馆新馆

辉的效果。例如文丘里和司科特布朗事务所（Venturi, Scott Brown and Associates）设计的纽约州马特学院图书馆新馆（彩图7-10），就采取了与建于1893年的像一座希腊神庙似的旧馆强烈对比的形式。新馆渐变的壁柱——如爵士乐或是矫揉造作地——撞击着老馆标准的、沉静的柱廊。新馆的墙面像波浪一样向前翻滚着，垂直的韵律和跳跃的颜色既是老馆英雄的古典主义的补充，同时也在对比中使新馆、老馆以及1976年的扩建部分三者形成一个完整的大构图。

7.3 技术

社会总是随着各个领域的进步而体现出时代个性的,技术则作为反映人类文明的重要标志之一,亦反映到建筑设计层面当中。从古罗马、古希腊,到哥特、文艺复兴,到现代主义、高技派,建筑历史上大多数风格的起源和发展及其独树一帜的造型设计,都依托于(并增进了)技术的进步。从格罗皮乌斯、勒·柯布西耶、密斯·凡·德·罗等人的言论和实际作品中,可以看出他们提倡的"现代主义建筑"强调建筑要随时代而发展,现代建筑应同工业化社会相适应;主张积极采用新材料、新结构,在建筑设计中发挥新材料、新结构的特性。所以,技术是影响建筑造型设计的重要因素。"凡是技术达到最充分发挥的地方,它必然达到艺术的境地",自工业革命以来,新技术造就了新材料、新结构与新的设计理念,它们共同作用,产生了不同以往的新建筑形式。

不过,值得注意的是,技术与科学并非同一范畴,科学是为了追求和探索客观真理,而技术则是为了人为干预自然的规律以取得最大目的,并不考虑道德伦理,因此不应过于强调技术作为建筑设计的主导因素。由于新技术最容易被感知和注意,有的设计者过分夸张地表现新技术,着意去夸张建筑的外在造型,而从长远看,建筑应该主要考虑的是人而不是技术,要正确地表达先进的技术,不要为了表现技术而牺牲过多的经济价值和使用功能。《马丘比丘宪章》在设计思想方面指出:"现代建筑的主要任务是为人们创造合宜的生活空间,应强调的是内容而不是形式……技术是手段而不是目的,应当正确地应用材料和技术。"

不应不顾功能和目的,盲目地模仿其形式的特征,片面地为表现物质技术手段而忽视内容、目的和文化内涵,这些"一偏之见"必然导致产生新的形式主义和新的伪劣教条。这样的建筑即使非常现代化也很难具有永恒性,因为物质技术手段是不断发展变化的,越是片面追求现代化,被淘汰得也越快,像时装一样越追逐"时髦",转眼之间就变为过时的"老摩登",所以千万不能不知其所以然地"东施效颦"。

蓬皮杜艺术中心(彩图7-11)是意大利建筑师皮亚诺和英国建筑师罗杰斯共同设计的杰作，它第一次向世人展现了"高技派"建筑，是本世纪高技派建筑的代表作。他们为了一改过去不管起决定性作用的结构和设备，特意把设备和结构来加以突出和颂扬，并且用来作装饰。它不像我们常见的博物馆，也不像一般的歌剧院、图书馆，倒像是一幢地地道道的化工厂，整个外形就是许多纵横交错的管道和钢架。这正像一座还没有撤出架子的新建建筑物。正是这种突破传统，在技术和艺术上有所创新，更加引起人们强烈的兴趣。有的人认为这是中世纪的一艘破船，还有人认为这是一个现代化的化工厂，但多数人赞扬它为"像神话般的建筑"。不过将本来应置于内部的"骨骼"和"五脏六腑"都翻到外面，内部空间虽然自由，但光线被遮挡，不利于观赏展品，也就损害了"文化中心"的主要功能和使用目的。巴黎蓬皮杜中心建成30年已大修过两次。这样的"高技术"建筑，非常容易老化出问题。这是一座

彩图7-11　蓬皮杜艺术中心

维修费已超过建造费的建筑。

"高技派"是把"技术"作为一种符号，利用反叛"现代主义"所形成的"对比反差"实现他们构想的新理念，体现他们的建筑新思维。在进行建筑设计时应该进行理性的技术表现，把技术逻辑和技术手段作为建筑艺术表现的基础，在此基础上，对真实的技术逻辑加以升华和提炼，追求技术与艺术的完美结合。"高技"本不是一种审美倾向，是运用技术来改变建筑的建造方式、改变建筑的使用质量的手段。如同钢与水泥取代砖与土一样，是伴随整个社会的进步而影射的建筑变革。

荷兰的梅卡诺建筑师事务所(Mecanoo Architects)设计的代尔夫特工业大学新图书馆(彩图7-12)，其地段在校园内著名的公共礼堂"奥拉"的后面。"奥拉"是20世纪60年代由"十人小组"的建筑师丹·登·布鲁克和贝克马(Vanden Broek & Bakema)设计的，是一座巨大而造型粗野的混凝土建筑。在这样的地段里，似乎任何建筑都很难与"奥拉"取得和谐的关系。为了解决这个问题，新图书馆的主体设计成一个巨大的楔形，呈斜面，其上满铺草皮，与"奥拉"周围，经过重新设计的环境构成一个整体，巧妙地避开了与"奥拉"的任何可能的冲突。这个草坪覆盖的坡屋顶，同时为人们提供了一个新的散步和休息的场所。草坪覆盖的屋顶本身就是极好的隔热屏障。夏日里，草坪中雨水逐渐蒸发，成为一个自然冷却系统。为了避免机械冷却装置破坏屋顶风景，另外也是出于生态考虑，建筑中使用了一种冷储存系统即利用地下水体储存冷或热。在图书馆地下设置了一层用于冷储存的沙子，上下用两层黏土密封。两根管子相距60m，埋在沙中。冬天，比较温暖的地下水被抽上来，在建筑中循环之后，从另一管子回到地下。夏天，则正好相反。此外，图书馆的三个立面都由整片的玻璃幕墙构成。这些幕墙实际上包括两层玻璃幕；外层由中空玻璃构成。内层是可推拉开启的强化玻璃；中间是一个140mm厚的，带遮阳幕的空气层，气流自每层楼板处出来，并在每层空间上部回收。外立面上的可开启窗都较小，以尽量减少对空气层中气流的干扰。在这里，斜草坪、玻璃幕墙都同时在使用功能、环境控制与建筑造型上担任着重要角色，从而使它们不会成为矫揉造作的"技术情结"。

彩图7-12　代尔夫特工业大学新图书馆

伊东丰雄（Toyo Ito）设计的仙台的媒体中心(Mediatheque Project in Sendai)(彩图7-13)自赢得竞赛以来就引起了许多建筑师和评论家的关注。建筑界面临挑战几千年却始终没能解决的诸如结构、建筑与建筑平面的室内布局之间的空间分界线等问题，终于有了一个新的解决方法。事实上，仙台的媒体中心是从一个简单明了的概念构想出来的。从其外观看，它整个是一典型的立方体建筑，然而对其近观，我们则会发现构成该建筑的三要素如下：①平面，没有两个平面是完全一样的，它们有着各自的功用；②13根扮演着竖向核心角色的钢管，既是结构支撑体又是设备管道井；③在连接室内外的同时，将主体四周包裹起来的光滑面层或建筑外表。该建筑共有7层，包含了所有建筑功能要求的各楼层，一层叠一层地由13根钢管串起来。结构、机械元素及建筑功能之间的界限被抹去了，却在该建筑中融为一体。每一楼层都依据其面积大小、在钢管上所处的位置及功能而被赋予其独有的空间特征。每一楼层的空间高度都保持灵活性，可以随时间和功能的变化而变化，以适应其功能要求。外表层不仅标明了建筑的边界，在联系室内与室外的同时，它还担当了交换各类信息的过滤器的角色。它为我们挑战长期束缚建筑师们的平立面观念提供了切实可行的方法，为今天的竖向都市环境提供了信息场所，层层相叠的楼板和延绵无尽的都市景象或许就是新世纪建筑的起始。

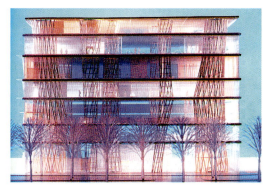 

彩图 7-13 仙台媒体中心

7.4 个性

建筑内容赋予建筑形象一定的个性特征,这是建筑艺术审美价值的重要一面。无论是圣洁高敞的北京天坛,诗情画意的苏州园林,还是宏大高耸的哥特式建筑,无不体现各自美的建筑性格。图书馆建筑艺术形象是一定文化建筑的特定的个性的体现,取决于内容与形式的统一,取决于读者特征。图书馆的外形和装饰应表明它是一个安静的文化学习中心,它的建筑形象应有益于感染读者去学习和探索。大学图书馆和公共图书馆所表现的特点不同,前者具有浓厚的专业性和学术性,后者具有鲜明的群众性和公共性,至于少儿图书馆应着力表现儿童天真活泼的性格特征。

多米尼克·伯诺(Dominique Perrault)设计的法国国家图书馆(密特朗图书馆)(Bibliotheque Nationale de France)(彩图7-14)基地位于巴黎市东端赛纳河畔的废弃工业用地的延伸。法国前总理密特朗指示此国家图书馆的设立意在塑造首都荣光意象的政治威权。其庞大的占地隐含着古典纪念性建筑的敷地概念,但建筑的形式却是十足现代的,芝加哥学派式简洁冷硬的立面表现,加以SRC与玻璃帷幕的构造材料。回溯中世纪的对图书馆崇尚内部宏伟神异的大空间概念,在这个CASE却转换为以回廊式的阅读空间,搭配以全面性的大开窗采光。空间整个开放明亮起来,楼高也改以较人性的尺度,似乎势将宏伟与壮观转移至外部,利用建筑物的量体与开放空间的尺度来诠释,内部的空间却以令人较亲切的人性手法呈现,同时刻意塑造出的中央大广场也意图迎合18世纪以来对公共图书馆的定义——开放、自由、亲民的场所,存在于巴黎这样一个具有悠久历史的都市,它强调开放、虚空的配置概念,不失为对整个都市环境的贡献。

用形似四本打开的书本的四个角楼彼此面对,划定一块象征性的场所,法国国家图书馆———一个神话般的所在——通过其四角的相互作用,把自己的存在和身份显赫地打在了这座城市之上。这些都市标志建筑物把"书"的理念发展和提升了,让它随便驾驭这些高楼,而高楼本身又体现出知识积累的样子,仿佛那是一个永远也无法完成的,缓慢而又不断进行的沉积过程。其他一些补充性的隐喻也给人留下深刻印象：书本一样的高楼，或地窖，或有无数层的巨大书架，或垂直的迷宫，所有这些清楚的形象汇聚到一起，把一个威风凛凛的身份授给了这些建筑物。一个开放性的广场的设立支持了财富的实用性的概念。这些高楼所起的作用是帮助确定这种文化财富的地位。公众空间给我们提供了一个在神圣机构与普通百姓之间的直接的和自然的契合。一个"嵌入式的"下沉的花园为工程的象征性的选址划上了一个圆满的句号。它给我们提供了一个宁静的场所，让我们能远离城市的喧嚣和忙乱。它就像一条回廊，这块安静的，不受干扰的空间会有助于沉思默想，有利于智慧火花的迸发。

什么能比一个行人广场更有都市性和更有大众性呢？

当今的艺术由于失去了统一的美规范，往往不得不根据仁者见仁、智者见智的原则行事。建筑为艺术的一门，这方面也不例外。具有现代意识的艺术家或建筑师，都以重复为耻，既不愿重复前人的，也不愿重复他人的，甚至也不愿重复自己的；他强调独创。要独创就必须发挥想象，别出心裁，以便创作出他的"第一个"。因此很多现代建筑实际上成了耸立在大地上的超大型雕塑品，而且因为个性很强，常常以"怪"为特征。形式的怪诞常常是因为建筑艺术为寻求存在的理由而故意创造神秘性，试图通过怪异的造型引起社会和公众的注目。这就难免人们的审美习惯受到挑战或冲击，甚至包括专业人士。

彩图 7-14 法国国家图书馆

7.5 民族 地域

人类生产生活的起始就伴随着营造活动，它表现了人类的智慧、力量、财富、权力和地位、思想、习俗，以及情感、意志等。社会的文化伦理和宗教仪轨在建筑上留下了鲜明的烙印。建筑是社会人生的空间展示，人们称建筑为"石头的史书"、"物化的世界历史年鉴"，无非认为建筑作为人类历史文化的载体，最能反映各地区、各民族在各个历史时期的社会结构、经济状况、大众生活、文化形态等。

现在无论是在国内还是在国外，国际化使建筑风格变得一样了，分不清是在中国、美国还是在欧洲，形成一种建筑设计上的制服化，像人们穿的制服一样。全球化是不可改变的趋势，有其积极的意义，也有负面的影响，虽然有些论点尚在争议之中，无论如何，作为文化多元，"地区文化"的存在是不争的事实，人类因为不同地区（自然、地理、文化的传统）而丰富多彩。我们应该为中国几千年灿烂的文化而自豪，但也不能因当今世界"强势文化"的一片汪洋所倾斜，而不能看到传统文化一时处于"弱势"而失去自尊、自觉、自新。

尽管不可避免地受到全球化的巨大影响，但是我们要做的就是以中国传统文化为起点来看待问题。为什么以中国传统文化来看待问题？这首先得强调一下传统是什么。传统就是指："一个国家或民族由历史沿传来的思想、道德、人伦、风格、艺术、制度等，概括起来主要是表现在文化方面。"而文化是一个民族在历史上所创造并渗透于一切行为系统里的观念体系。尽管在历史上中国文化有过同各民族外来文化与艺术的吸收和融合，但是中国文化还是形成了鲜明的个性。真正的全球化不是单一的一元性的，它应该是拥有共性和个性，应该是多元的。所以那种总是拿着西方种种"主义"和"流派"来说事的，就是愚蠢的以西方的个性来代替所有的个性和共性，要知道那是不以人们的意志为转移的。所以把中国传统文化为设计的起点，是作为有民族自强感的设计师们不可推卸的责任，也是我们设计思想的理论起点。

但并不是所有的建筑创造都走民族文化、地域文化这一条路。如果需要考虑，其适宜范围也会因具体情况不同而有所区别。通常是根据具体的区域、环境，或者因为业主的要求，需要在某种程度上表现地域文化。

建于1974年的北京大学图书馆(彩图7-15)位于六院东端，是亚洲高等院校最大的图书馆。由于当时历史经济等原因，它体型宏大但稍显简陋，是典型的现代方盒子建筑，与未名湖区的众多大屋顶的建筑风格显得格格不入。始于1996年的扩建工程很大的目标是弥补这种失误。主要设计者同样是主持清华园图书馆扩建的关肇邺院士。他大胆地使用了时下颇遭非议的大屋顶形式，并在体量组合、细部处理等方面进行了创造，使人看了有似曾相识却又很值得再三咀嚼的感觉。你看，它的屋顶既非唐风，也非宋式清式，斗栱似有却不完整，栱间用古老的人字却是非常地夸大，很有意思。它的精彩之处还来自两侧直上三层的过山游廊与两翼伸出的攒尖顶方形配楼，从而巧妙地将新楼旧楼连成整体，在建筑体量上也形成了丰富的空间层次。

埃及古代亚历山大图书馆(彩图7-16)最早建于公元前3世纪，曾经同亚历山大灯塔一样驰名于世。它是世界上最大、最古老的图书馆之一，它曾存在了近800年，其藏书之多，对人类文明贡献之大，是古代其他图书馆无法比拟的。可惜的是，这座举世闻名的古代文化中心，却于3世纪末被战火全部吞没。时隔2000多年，埃及在亚历山大图书馆的旧址上又

彩图7-15　北京大学图书馆

重建了一座全新的大型图书馆。挪威林赫塔公司的设计方案体现了一座现代图书馆所应具有的各项功能,并与亚历山大城的历史风貌和人文景观和谐交融,因而博得埃及方面的好评,使之在众多的设计方案中脱颖而出。建成后的亚图矗立在托勒密王朝时期图书馆的旧址上,俯瞰地中海的海斯尔赛湾。这座图书馆既气势宏伟又简约朴素。该设计的精髓体现在一个对角剖开的直径达160m的直立圆柱体,其清晰的几何形状与古埃及的伟大建筑极为相似。顶部是半圆形穹顶,会议厅是金字塔形。圆柱、金字塔和穹顶的巧妙结合浑然天成,多姿多彩的几何形状勾勒出该馆的悠久历史。它向地中海倾斜的外部圆形建筑据称是既怀念古时的圆形港口,又联想到宇宙的模样。令人称奇的是,无论从哪个角度看,亚图主体建筑都像是一轮斜阳,象征着普照世界的文化之光。图书馆的墙体由2m宽1m高的巨石建成,6300m² 的石头手工墙镌刻着包括汉字在内的世界上50种最古老语言的文字、字母和符号,凸显了文明蕴藏与文化氛围的构思和创意。这座建筑与亚历山大这座充满欧、亚、非异国文化情调的"历史之都"融合在了一起,并体现着图书馆厚重的历史风采。亚历山大图书馆主体工程在由英国建筑行业组织、《建筑新闻》杂志协办的评比中,获得"世界最佳建筑"称号。

亚历山大图书馆的介绍中说:"文化像一只不死鸟,已经熄灭了十几个世纪的地中海文化灯塔又被重新点亮……"

彩图7-16　亚历山大图书馆

主要参考文献

1. 鲍家声编.现代图书馆建筑设计.北京：中国建筑工业出版社，2002.
2. 单行主编.图书馆建筑与设备.哈尔滨：东北工学院出版社，1990.
3. 李明华主编.论图书馆设计：国情与未来.杭州：浙江大学出版社，1994.
4. 李明华等主编.中国图书馆建筑研究跨世纪文集.北京：北京图书馆出版社，2003.
5. 王文友等编.高等学校图书馆建筑设计图集.南京：东南大学出版社，1996.
6. 迈克尔.布劳恩等著.金崇磐译.图书馆建筑.大连：大连理工大学出版社，2003.
7. G.汤普逊.于得胜等译.现代图书馆建筑的规划与设计.北京：书目文献出版社，1981.
8. 建筑设计资料集.北京：中国建筑工业出版社，1995.
9. 图书馆及科研中心.南昌：江西科学技术出版社，2001.
10. 方海著.芬兰新建筑.南京：东南大学出版社，2002.
11. 全国著名高校建筑系学生优秀作品选.二年级.北京：中国建筑工业出版社，1999.
12. 程权主编.建筑系学生优秀作业选：深圳大学专辑.北京：中国建筑工业出版社，1999.
13. 2003晶艺杯全国大学生建筑设计优秀作业集.北京：中国建筑工业出版社，2003.
14. Libraries.日本.
15. 世界建筑.各期.
16. 建筑创作.各期.
17. 建筑学报.各期.
18. 建筑细部.各期.
19. 世界建筑导报.各期.
20. 中国建筑装饰装修.各期.
21. ABBS建筑论坛(http://www.abbs.com.cn).
22. 筑龙网(http://www.sinoaec.com).
23. 网易建筑(http://co.163.com/index_jz.htm).
24. 众智论坛(http://www.gisroad.com/xgxz.htm).